U0305107

巧工创物

《考工记》白话图解

张青松 译注

岳麓书社·长沙

图书在版编目(CIP)数据

巧工创物《考工记》白话图解/张青松译注．—长沙：岳麓书社，2017．4
(2022．10 重印)

ISBN 978-7-5538-0580-1

Ⅰ．①巧…　Ⅱ．①张…　Ⅲ．①手工业史—中国—古代②《考工记》—译文③《考工记》—图解　Ⅳ．①N092

中国版本图书馆 CIP 数据核字(2016)第 068244 号

QIAOGONG CHUANGWU KAOGONGJI BAIHUA TUJIE

巧工创物《考工记》白话图解

译　　注：张青松
责任编辑：皮朝霞　蔡　晟
责任校对：舒　舍
封面设计：风格八号
插　　图：锤　子

岳麓书社出版发行
地址：湖南省长沙市爱民路 47 号
直销电话：0731-88804152　0731-88885616
邮编：410006

版次：2017 年 4 月第 1 版
印次：2022 年 10 月第 2 次印刷
开本：710mm×1000mm　1/16
印张：7
字数：130 千字
印数：3 001—6 000
ISBN 978-7-5538-0580-1
定价：22.80 元

承印：廊坊市博林印务有限公司

如有印装质量问题，请与本社印务部联系
电话：0731-88884129

前　言

关于《考工记》的作者，学术界长期以来有不同看法。主流一方认为《考工记》为齐国官书，为齐稷下学宫的学者所作。清代江永在《周礼疑义举要》中认为:《考工记》“盖齐鲁间精物理、善工事而工文辞者为之”，郭沫若先生极力赞成这种观点，并于20世纪40年代撰文进行了论述，其根据包括“《考工记》提到的列国和水渎名号、书中多用齐国方言、《考工记》中的度量衡是齐制”三个方面。但部分学者对此持反对意见，认为其不是齐国官书，也并不是由齐国学者所共同完成。学术界关于《考工记》作者及时代的认定存在分歧，此处不再赘述。

《考工记》是中国古代最早的关于手工业工艺技术规范的著作，该书上承三代青铜文化之遗绪，下开封建时代手工业技术之先河。作为中国先秦时期手工艺专著，《考工记》记述了官营手工业各个工种的设计规范和制造工艺。书中保留有先秦大量的手工业生产技术、工艺美术资料，记载了一系列的生产管理和营建制度，同时在一定程度上反映了当时的思想观念。

春秋战国时期是我国古代社会大变革的重要阶段，农业、手工业、商业、科学技术都有了很大的发展。在手工业中，一方面原有的操作工艺更为纯熟；另一方面又产生了许多新的工艺，分工亦更为精细。春秋以前“工贾食官”的格局已经打破，除了官府手工业外，此时还出现了许多私营的个体手工业。由于礼乐崩溃，学术思想上出现了百家争鸣的局面。许多士人都比较重视实践，关心社会的进步和生产技术的发展，鲁班、墨翟、李冰这样一些杰出的学者、技术发明家便是这一时期的代表人物。为了进一步组织和指导生产，需对已获得的生产经验和技术思想进行总结，《考工记》便是在这一社会大背景下产生出来的。

《考工记》全书约7000多字，记述了木工、金工、皮革工、染色工、玉工、陶工等六大类、30个工种(其中6种已失传，后又衍生出1种，实存25个工种)的内容。书中分别介绍了车舆、宫室、兵器以及礼乐之器等的制作工艺和检验方法，涉及数学、力学、声学、冶金学、建筑学等方面的知识和经验总结，其内容丰富，涉及面广，时间范围宽，技术内容既具有实践性，又富有“理想性”。书中所记叙的许多技术规范反映了周王朝的典章制度，是我国古代比较全面地反映整个手工业技术的唯一专著，在中国科技史、工艺美术史，乃至文化史上都占有重要地位。

正因为如此，历代有关《考工记》的注释和研究层出不穷。清代，有关专著便达20余种，散篇则在40种以上。大家比较熟悉的专著有戴震《考工记图》、程瑶田《考工创物小记》等等。现在最通行的注本是《十三经注疏》中的《周礼注疏》(汉郑玄注、唐贾公彦疏)与清孙诒让《周礼正义》。汉代《考工记》隶定本大约7000余字，清正义本则有数十万字之巨。如此受学界重视，在我国古代典籍中是为数不多的。大约在唐代，《周礼》便传到了日本；19世纪50年代，《周礼》又被译成了法文，《考工记》亦随之传到了日本和西方。进入20世纪，随着西方科学技术的传入，科学考古的开展，对《考工记》的研究进入了一个新阶段。研究者利用科学的手段和现代研究方法，利用考古实物和模拟实验资料，对《考工记》所涉及的古代技术、科学知识以及社会科学中的问题进行专题研究，发表了大量相关论文，在整体上把《考工记》研究提升到一个新水平，并受到了更多国内外学者的关注和重视。

今天所见《考工记》，属于《周礼》的一部分。《周礼》原名《周官》，原有六官之纪，即“天官冢宰”“地官司徒”“春官宗伯”“夏官司马”“秋官司冠”“冬官司空”。但西汉时，“冬官”篇佚失，河间献王刘德修学好古，喜欢收集先秦经典，为购求此篇，曾费千金而不得，不得已乃以《考工记》补之。此书原无名称，刘歆校书编排时改《周官》为《周礼》，故《考工记》又称《周礼·考工记》(或《周礼·冬官·考工记》)。

目前，《考工记》的研究方向主要集中在：从技术层面出发，将其作为中国古代技术思想史研究的一个重要内容，研究其体现的分工与协作、模数设计、合理选材、用材、质量管理、工效学设计思想，及其在当代建筑、城市布局规划等各领域应用的可能；从美学内涵出发，以《考工记》的工艺技术为载体，以技术美学理论为依托，深入研究其包含的哲学、工艺美学思想及现实价值；从文化意义出发，探求《考工记》中地域色彩、官书特征、五行之说、尚六意识、遵礼定制、和合思想等方面体现的文化内涵。总体而言，在当代《考工记》研究中，其所体现的设计理念及现实运用成为主要的研究方向，受到学界普遍的关注。

本次出版《〈考工记〉白话图解》，以孙诒让《周礼正义》中的经文作为底本(经文中的古字改为今天的通行字)，力求按照“信、达、雅”原则，用规范的现代汉语进行翻译。为了避免繁复，本书不单独出现注释一项，个别疑难字词，在原文中以夹注的形式出现。为了方便读者理解，增加了若干插图，以求更加直观的效果。《周礼》博大精深，涉及的名物、典章、制度尤多，而笔者浅陋，错误在所难免，不当之处，尚祈方家指正。

目录

卷　上

卷　下

卷上

总　叙

原　文

国有六职，百工与居一焉。或坐而论道，或作而行之，或审曲面埶（shì 后来写作勢，现代简化字作“势”），以饬五材（指金、木、皮、玉、土），以辨（bàn 后来写作“辦”，现代简化字作“办”）民器，或通四方之珍异以资之，或饬力以长地财，或治丝麻以成之。坐而论道，谓之王公。作而行之，谓之士大夫。审曲面埶，以饬五材，以辨民器，谓之百工。通四方之珍异以资之，谓之商旅。饬力以长地财，谓之农夫。治丝麻以成之，谓之妇功。

‖ 译文 ‖

一国之内有六种职官，百工是其中之一。这六种职官中，有的安稳地坐着谋划治理国家的方针政策；有的努力执行方针政策；有的审视并加工各种材料，制造民众所需的器物；有的使四方珍异的物品流通，供人们购买；有的辛勤耕耘土地，生产粮食；有的纺丝绩麻制成衣服。安稳地坐着谋划治理国家的方针政策的，叫做王公；努力执行方针政策的，叫做士大夫；审视并加工各种材料，制造民众所需器物的，叫做百工；使四方珍异的物品流通，供人们购买的，叫做商旅；辛勤耕耘土地，生产粮食的，叫做农夫；纺丝绩麻制成衣服的，叫做妇功。

原　文

粤无镈（bó 锄地的农具），燕无函，秦无庐（本来指竹制的矛、戟等长兵器的柄，这里指长兵器），胡无弓车。粤之无镈也，非无镈也，夫人而能为镈也；燕之无函也，非无函也，夫人而能为函也；秦之无庐也，非无庐也，夫人而能为庐也；胡之无弓车也，非无弓车也，夫人而能为弓车也。

‖ 译文 ‖

越地没有专门制造镈的工匠，燕地没有专门制造铠甲的工匠，秦地没有专门制造长兵器的工匠，匈奴没有专门制造弓、车的工匠。越地没有专门制造镈的工匠，不是说没有能够制造镈的人，而是说那里人人都能制造镈。燕地没有专门制造铠甲的工匠，不是说没有能够制造铠甲的人，而是说那里人人都能制造铠甲。秦地没有专门制造长兵器的工匠，不是说没有能够制造长兵器的人，而是说那里人人都能制造长兵器。匈奴没有专门制造弓、车的工匠，不是说没有能够制造弓、车的人，而是说那里人人都能制造弓、车。

原文

知者创物，巧者述之，守之世，谓之工。百工之事，皆圣人之作也。烁金以为刃，凝土以为器；作车以行陆，作舟以行水，此皆圣人之所作也。

‖译文‖

聪明的人创造器物，心灵手巧的人循其法式，守此职业世代相传，叫做工。百工制造的器物，都是圣人创造的。熔化金属制造兵器，烧制黏土制造陶器，制造车辆在陆地上行驶，制造船只在水面上航行，这些都是圣人创造的东西。

原文

天有时，地有气，材有美，工有巧，合此四者，然后可以为良。材美工巧，然而不良，则不时、不得地气也。橘逾淮而北为枳，鸲(qú)鹆(yù)不逾济，貉逾汶则死：此地气然也。郑之刀，宋之斤，鲁之削，吴粤之剑，迁乎其地而弗能为良，地气然也。燕之角，荆之干，妢(fén)胡之笴(gě)，吴粤之金锡，此材之美者也。天有时以生，有时以杀；草木有时以生，有时以死；石有时以泐(lè)；水有时以凝，有时以泽(通"释")：此天时也。

‖译文‖

顺应天时的变化，适应地气的差异，材料必须上佳，工艺必须精巧，把这四个条件加起来，才可以制造精良的器物。如果材料上佳，工艺精巧，但制造出来的器物并不精良，那就是不合天时、不得地气的缘故。橘树向北移栽，过了淮河就会变成枳树，八哥从不向北飞越济水，貉如果向南渡过汶水，那就活不长了：这些都是地气造成的。郑国的军刀，宋国的斧子，鲁国的书刀，吴越的佩剑，只要离开当地，产品就不可能精良，这些也是地气造成的。燕地的牛角，荆州的弓杆，妢胡的箭杆，吴越的铜锡，这些都是上佳的材料。天有时助万物生长，有时使万物凋零；草木有时繁荣，有时枯萎；石头有时依其脉理而裂开；水有时会凝结成冰，冰有时会融化成水：这些都是天时造成的。

原文

凡攻木之工七，攻金之工六，攻皮之工五，设色之工五，刮摩之工五，抟埴之工二。攻木之工：轮、舆、弓、庐、匠、车、梓；攻金之工：筑、冶、凫、栗、段、桃；攻皮之工：函、鲍、韗(yùn)、韦、裘；设色之工：画、缋、钟、筐、㡆(huāng)；刮摩之工：玉、榔(zhì)、雕、矢、磬;抟埴之工:陶、旊(fǎng)。

‖ 译文 ‖

总起来说,加工木材的工匠有七种,加工金属的工匠有六种,加工兽皮的工匠有五种,涂染颜色的工匠有五种,琢磨器物的工匠有五种,制造陶器的工匠有两种。加工木材的工匠有:轮人、舆人、弓人、庐人、匠人、车人、梓人。加工金属的工匠有:筑氏、冶氏、凫氏、栗氏、段氏、桃氏。加工兽皮的工匠有:函人、鲍人、韗人、韦氏、裘氏。涂染颜色的工匠有:画人、缋人、钟氏、筐人、㡛氏。琢磨器物的工匠有:玉人、榔人、雕人、矢人、磬氏。制造陶器的工匠有:陶人、旊人。

原 文

有虞氏上陶,夏后氏上匠,殷人上梓,周人上舆。

‖ 译文 ‖

有虞氏重视制陶业,夏后氏重视水利和营造业,殷人重视木作手工业,周人重视车辆制造业。

原 文

故一器而工聚焉者,车为多。车有六等之数:车轸(zhěn)四尺,谓之一等;戈柲六尺有六寸,即建而迤,崇于轸四尺,谓之二等;人长八尺,崇于戈四尺,谓之三等;殳长寻有四尺,崇于人四尺,谓之四等;车戟常,崇于殳四尺,谓之五等;酋矛常有四尺,崇于戟四尺,谓之六等。车谓之六等之数。

‖ 译文 ‖

制造一种器物需要聚集数个工种才能完成,车是最多的。车子有六个等级的尺寸:车轸离地四尺,这是第一等;戈连柄长六尺六寸,斜插在车上,比轸高四尺,这是第二等;人长八尺,站在车上,比戈高四尺,这是第三等;殳长一寻零四尺,插在车上,比人高四尺,这是第四等;车戟长一常,插在车上,比殳高四尺,这是第五等;酋矛长一常又四尺,插在车上,比戟高四尺,这是第六等。因此说车子有六个等级的尺寸。

原 文

凡察车之道,必自载于地者始也,是故察车自轮始。凡察车之道,欲其朴属而微至。不朴属,无以为完久也;不微至,无以为戚(cù 通"促")速也。轮已崇,则人不能登也;轮已庳,则于马终古(齐地方言,常常)登阤(zhì 斜坡)也。故兵车之轮六尺有六寸,田车之轮六尺有三寸,乘车之轮六尺有六寸。六尺有六寸之轮,轵(zhǐ)崇三尺有三寸也,加轸与轐(bú)焉,四尺也。人长八尺,登下以为节。

‖译文‖

大凡检验车子是否合格的方法,一定要先从车子着地的部位开始,因此检验车子先要从轮子开始。大凡检验车子是否合格的方法,要求车轮的结构缜密坚固,且着地的面积微小。如果轮子不缜密坚固,那就不能经久耐用;轮子着地的面积若不微小,那就不会运转快捷。如果轮子太高,人就不容易登车;如果轮子太低,那马就跟常处于爬坡状态一样十分费力。因此作战用车的轮子高六尺六寸,田猎用车的轮子高六尺三寸,乘坐用车的轮子高六尺六寸。六尺六寸的车轮,轵高三尺三寸,加上轸与轐,一共四尺。人长八尺,以人上下车时高低恰到好处为度。

鎛

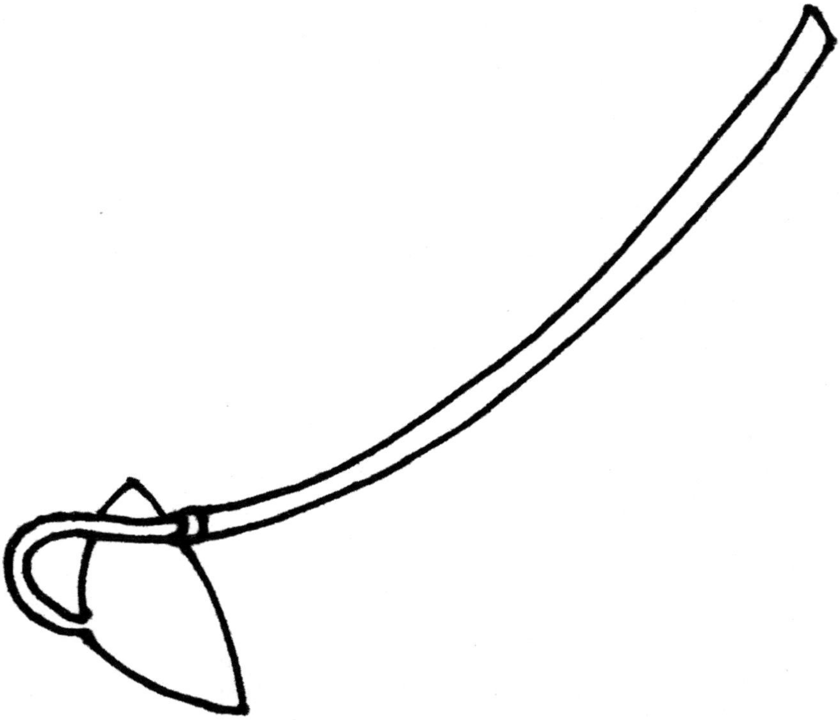

一　轮人

原文

轮人为轮。斩三材必以其时。三材既具，巧者和之。毂也者，以为利转也；辐也者，以为直指也；牙也者，以为固抱也。轮敝，三材不失职，谓之完。望而视其轮，欲其幎（mì）尔而下迆也；进而视之，欲其微至也：无所取之，取诸圜也。望其辐，欲其掣（xiāo）尔而纤也；进而视之，欲其肉称也：无所取之，取诸易直也。望其毂，欲其眼也；进而视之，欲其帱（dào）之廉也：无所取之，取诸急也。视其绠，欲其蚤之正也。察其菑（zì）蚤不齵，则轮虽敝不匡。

‖译文‖

轮人制造车轮。砍伐用作毂、辐、牙这三个部件的材料，一定要依照一定的季节。这三种材料齐备之后，工匠用精巧的工艺将它们加工组合为车轮。毂，是使车轮灵活转动的部件；辐，是笔直支撑车辋的部件；牙，是使车辋坚固合抱的部件。即使轮子用得破旧了，但毂、辐、牙还没有丧失各自的作用，这才叫做完美。远望轮子，要求它均匀地向下弯曲；近看轮子，要求它着地面积微小：这没有别的妙法可取，无非是要求轮子正圆。远望辐条，要求向牙的一端由粗渐细；近看辐条，要求每根辐条粗细一致：这没有别的妙法可取，无非是要求辐条平直。远望车毂，要求它像眼睛一样向外突出；近看车毂，要求裹革的地方隐起棱角：这没有别的妙法可取，无非是要求裹得紧固。细看轮绠，要求绠内侧的蚤安得非常齐正。如果菑蚤安得非常齐正，那么即使轮子破旧了也不会变形。

原文

凡斩毂之道，必矩其阴阳。阳也者，稹（通“缜”）理而坚；阴也者，疏理而柔。是故以火养其阴，而齐诸其阳，则毂虽敝不蔽（hào 通“耗”，缩耗）。毂小而长则柞（通“窄”），大而短则挚（niè 不安稳）。是故六分其轮崇，以其一为之牙围。参分其牙围，而漆其二。椁其漆内而中诎之。以为之毂长，以其长为之围，以其围之防（lè 通“仂”，分数，零数）捎其薮。五分其毂之长，去一以为贤（车毂当中的孔，靠内侧的一头大，叫做贤，又叫大穿），去三以为轵（车毂当中的孔，靠外侧的一头小，叫做轵，又叫小穿）。容毂必直，陈篆必正，施胶必厚，施筋必数（cù 密），帱必负干。既摩，革色青白，谓之毂之善。参分其毂长，二在外，一在内，以置其辐。凡辐，量其凿深以为辐广。辐广而凿浅，则是以大抓（wù 动摇），虽有良工，莫之能固。凿深而辐小，则是固有余而强不足也，故竑其辐广，以为之弱，则虽有重任，毂不折。参分其辐之长而杀其一，则虽有深泥，亦弗之溓（通“黏”）也。参分其股（轮辐近毂之处）围，去一以为骹（qiāo 车辐近牙之处）围。揉辐必齐，平沉必均。直以指牙，牙得则无槷（xiè 木楔）而固。不得则有槷，必足见也。六尺有六寸之轮，绠参分寸之二，谓之轮之固。

‖译文‖

砍伐毂材的方法，一定要先在树木的向阳面和背阴面刻识记号；木材向阳的部分，纹理细密而坚硬；背阴的部分，纹理疏松而柔软。所以要用火烘烤背阴的部分，使其与向阳的部分一样细密坚硬，这样做出来的毂即使用得破旧了，也不会因变形而不平。如果毂小而长，辐间就太狭窄；如果毂大而短，辐菑就不坚牢。所以牙围取轮子高度的六分之一，其内侧的三分之二加油漆。测量轮子中间油漆部分外缘圆内接正方形的边长，折半作为毂的长度，毂的周长等于毂长。按照毂长的某种分数来剜除毂心而成薮。把毂的长度分为五等份，去掉二等份就是贤的周长，去掉三等份就是轵的周长。整治毂的形状一定要直，排列毂上所刻的篆一定要正，涂在毂上的胶一定要厚，缠在毂上的筋一定要密，裹在毂上的皮革一定要与毂干紧密地结合在一起。用石头打磨平整后，革色青白相间，这就叫做好车毂。把毂长分成三等份，使毂的二等份在外，一等份在内，在这两者之间的地方安置车辐。所有的辐条，根据辐菑入孔的深度来确定辐的宽度。如果辐宽而菑孔太浅，那就极易摇动，即使有优秀的工匠，也不能使它牢固。如果菑孔深而辐菑狭小，那么车辐就会牢固有余而强度不足。因此，一定要量度辐条的宽度作为菑孔深度，这样，车子即使负荷很重，毂也不会折断。把辐长分成三等份，并且把辐条近牙的三分之一处削得细小些，车行时即使有很深的烂泥，辐条也不会被黏住。把股的周长分成三等份，去掉一等份作为骹的周长。揉制辐条一定要使它们齐直，将它们放在水中，浮沉的深浅也要相同。辐条笔直地插在牙上，蚤与牙密合，就是不用楔，也很牢固。如果蚤与牙不密合，就要用楔，终究会露出来。六尺六寸的轮子，辐绠取三分之二寸，这就叫做牢固的轮子。

原文

凡为轮，行泽者欲杼，行山者欲侔。杼以行泽，则是刀以割涂也，是故涂不附；侔以行山，则是抟以行石也，是故轮虽敝，不甐（lìn）于凿。凡揉牙，外不廉而内不挫，旁不肿，谓之用火之善。是故规之以视其圜也，萬（jǔ 通“矩”，曲尺）之以视其匡也。县（后来写作“悬”）之以视其辐之直也，水之以视其平沉之均也，量其薮以黍，以视其同也，权之以视其轻重之侔也。故可规、可萬、可水、可县、可量、可权也，谓之国工。

‖译文‖

大凡制造车轮,行驶在泽地的,轮缘要削得很薄;行驶在山地的,轮牙的上下厚薄均等。轮缘削得很薄,车子在泽地中行驶,就像刀子割泥一样,所以泥就不会黏附。轮牙的上下厚薄均等,车子在山地行驶,因圆厚的轮牙滚在山石上,即使轮子用得破旧了,也不会影响凿蚤而使辐条松动。大凡用火揉制轮牙,轮牙的外侧不因拉伸而纹理断裂,内侧不因火烤而焦灼挫折,两侧也不因曝裂而臃肿凸出,这就叫做善于用火。因此,要用圆规来检验轮圈是否圆匀,用曲尺来检验辐条与轮牙相交处是否成直角,用悬绳来检验上下车辐是否成一条直线,用水来检验两只轮子在水中浮沉的深浅是否均等,用黍来检验两毂中空之处的大小是否相同,用天平检验两轮的重量是否相等。因此,如果制造出来的轮子能够经得起圆规、曲尺、水、悬绳、黍、天平的检验,就可以称为国家一流的工匠了。

原文

轮人为盖,达常(盖柄的上节)围三寸,桯(yíng 盖柄的下节)围倍之,六寸。信(通"伸")其桯围以为部广,部广六寸。部长二尺。桯长倍之,四尺者二。十分寸之一谓之枚。部尊一枚,弓凿广四枚,凿上二枚,凿下四枚,凿深二寸有半,下直二枚,凿端一枚。弓长六尺谓之庇轵,五尺谓之庇轮,四尺谓之庇轸。参分弓长而揉其一。参分其股围,去一以为蚤围。参分弓长,以其一为之尊。上欲尊而宇欲卑,上尊而宇卑,则吐水疾而霤(liù 指下注之水)远。盖已崇,则难为门也;盖已卑,是蔽目也,是故盖崇十尺。良盖弗冒弗纮(hóng),殷亩而驰,不队(后来写作"墜",现代简化字作"坠"),谓之国工。

‖译文‖

轮人制造车盖,上柄周长三寸,下柄周长增加一倍,共六寸。展开下柄的周长作为盖斗的直径,盖斗的直径是六寸。上柄连盖斗的长度为二尺。下柄有两截,每截比上柄长一倍,为四尺,两截共八尺。十分之一寸叫做枚。盖斗上端隆起的高度为一枚。盖斗周围嵌入盖弓的凿孔宽四枚,凿孔上方有二枚,凿孔下方有四枚,凿孔深二寸半,下平,渐收,凿孔的内端高二枚,顶端宽一枚。盖弓长六尺的,叫做庇轵(遮盖两轵);长五尺的,叫做庇轮(遮盖两轮);长四尺的,叫做庇轸(遮盖两轸)。把弓长分成三等份,并把盖弓靠近盖斗的一等份揉曲。把弓股的周长分成三等份,去掉一等份后作为弓蚤的周长。把弓长分成三等份,并把盖弓靠近盖斗的一等份作为高出的部分,盖弓近盖斗的上平部较高,而远离盖斗的宇部要低,上平部高而宇部低,泻水很快,斜流必远。车盖太高的话,就会通不过宫室的大门;车盖太低的话,就会遮住人的视线,因此车盖的高度定为十尺。好的车盖,即使盖弓上不蒙幕,弓末不系绳,让车子驰驱在垄亩间,盖弓也不会脱落,这样才可以称为国家一流的工匠。

輪三材

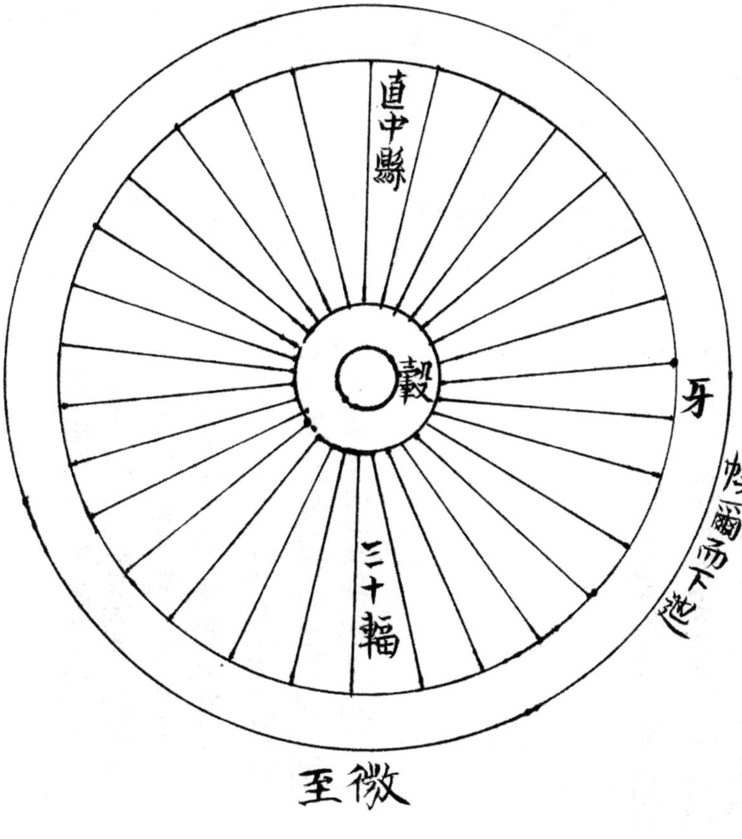

轂

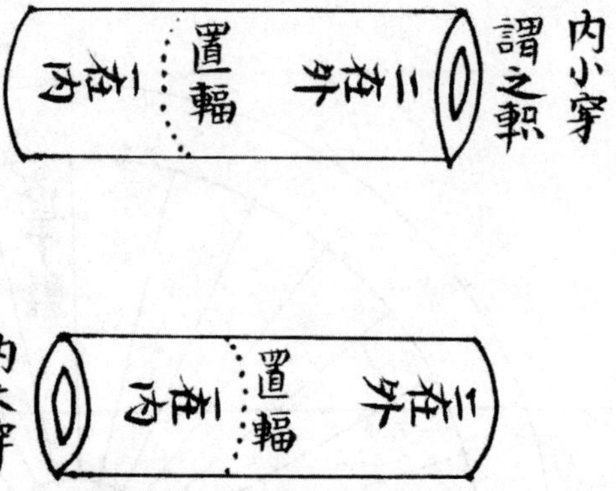

兵車乘車軫閒六尺六寸旁加七寸合兩旁并軫閒是爲徹廣八尺而轂入輿下者七寸其內地即置直伏兔以承軫兩軹之廣凡丈一尺六寸此轂末之軹故書本作軒與輢內之軹宜有別不得一車之中二名溷淆也

輻

牙外出三分寸之二輻股鑿不與蚤所入之鑿相當以蚤有倨句故也外直下爲倨內曲剉之爲句

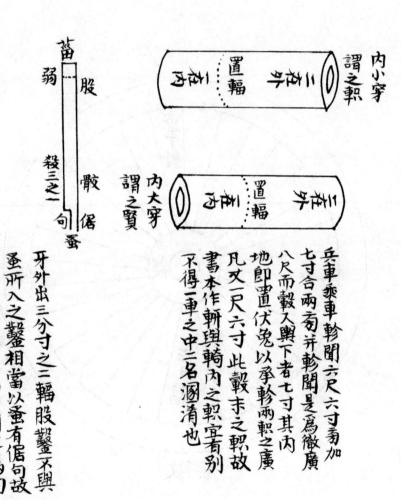

权

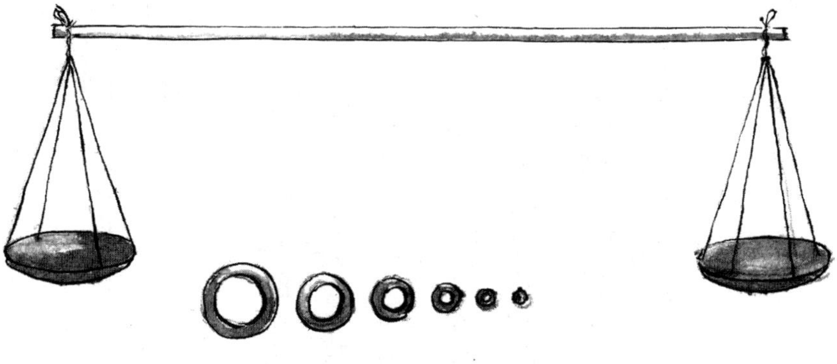

蓋弓二十有八

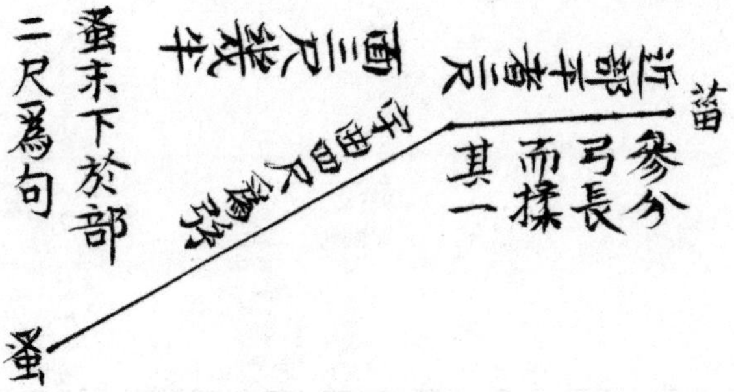

凡句股各自乘并之為弦實弦自乘減句自乘餘為股實減股自乘餘為句實如圖以二尺為句四尺為弦而求其股先以弦自乘得實十六尺次以句自乘得句實四尺兩數相減餘十二尺為股實開方餘之得股長三尺四寸六分有奇故鄭注云面三尺幾半也

二　舆人

原文

舆人为车。轮崇、车广、衡(车辕头上的横木)长,参如一,谓之参称。参分车广,去一以为隧(通"邃",深。这里指车厢的纵长)。参分其隧,一在前,二在后,以揉其式(通"轼",古代车厢前部供立乘者凭扶的横木,有三面,其形如半框)。以其广之半为之式崇,以其隧之半为之较(jué 车厢两旁车栏上的横木)崇。六分其广,以一为之轸围。参分轸围,去一以为式围。参分式围,去一以为较围。参分较围,去一以为轵围。参分轵围,去一以为轛(zhuì 车轼下面纵横交织的栏木)围。圜者中规,方者中矩,立者中县,衡者中水,直者如生焉,继者如附焉。凡居材,大与小无并,大倚小则摧,引之则绝,栈车欲弇,饰车欲侈。

‖译文‖

舆人制造车厢。车轮的高度,车厢的宽度,车衡的长度,三者相等,叫做参称。把车厢宽度分成三等份,去掉三分之一作为车厢的纵长。再把车厢的纵长分成三等份,一等份在前,二等份在后,用火煣木做轼安到这个位置。用车厢宽度的二分之一作为轼的高度,用车厢纵长的二分之一作为较的高度。把车厢的宽度六等份,以其六分之一作为轸的周长。把轸的周长分成三等份,去掉三分之一作为轼的周长。把轼的周长分成三等份,去掉三分之一作为较的周长。把较的周长分成三等份,去掉三分之一作为轵的周长。把轵的周长分成三等份,去掉三分之一作为轛的周长。圆木合乎圆规,方木合乎曲尺,竖木合乎悬绳,横木合乎水平,直木好像从地上生出来一样,横竖相接、纵横相交之木如同树枝附着在树干上一般。大凡处理制车的木材,粗大的木材与细小的木材不能相并而用。如果粗大的木材依附在细小的木材上,前者就会把后者压断;用力拉时,后者受不了拉力,就会被拉断。栈车的车厢要做得紧凑一些,饰车的车厢要做得宽敞一些。

輿

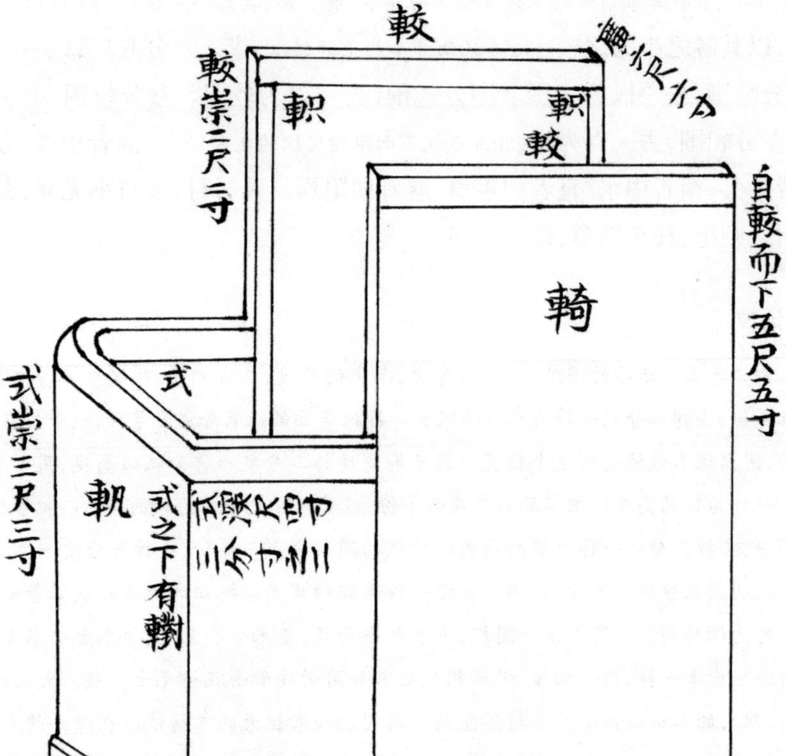
較
廣六尺六寸
較崇二尺二寸
軹
軹
較
自較而下五尺五寸
輢
式
式崇三尺三寸
軓
式之下有轛
式深尺四寸三分寸之二
一在前
二在後
軫
軫

輿

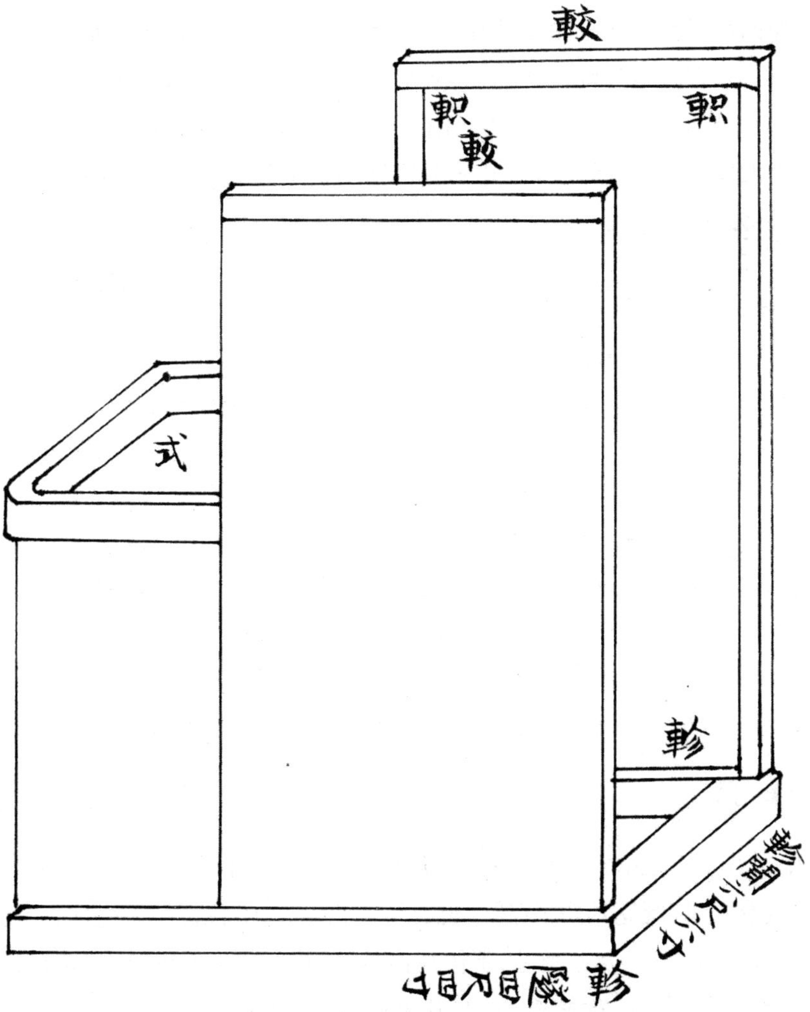

三　辀人

原文

辀人为辀(zhōu 车辕)。辀有三度,轴有三理。国马之辀,深四尺有七寸;田马之辀,深四尺;驽马之辀,深三尺有三寸。轴有三理:一者以为媺(同"美")也,二者以为久也,三者以为利也。軓(fàn 车厢底前面的横木)前十尺,而策半之。凡任木、任正者,十分其辀之长,以其一为之围。衡任者,五分其长,以其一为之围。小于度,谓之无任。五分其轸间,以其一为之轴围。十分其辀之长,以其一为之当兔之围。参分其兔围,去一以为颈围。五分其颈围,去一以为踵围。

‖译文‖

辀人制造车辀。车辀有三种尺度,车轴有三项标准。国中良马所驾之车,其车辀深四尺七寸;田猎之马所驾之车,其车辀深四尺;驽马所驾之车,其车辀深三尺三寸。车轴有三项标准:第一是木材纹理光洁,无节疤,第二是木质坚韧,经久耐用,第三是轴与毂配合紧密,利于旋转。车辀在軓前的长度是十尺,马鞭的长度是它的一半。大凡车上承受重量的木材,车厢下承受重量的,把辀的长度分成十等份,用其中的十分之一作为軓木的周长。两轭之间的衡木,把它的长度分成五等份,用其中的五分之一作为衡木的周长。小于这个标准,就叫做不胜任。把两轸之间的宽度分成五等份,用其中的五分之一作为轴的周长。把辀长分成十等份,用其中的十分之一作为当兔的周长。把当兔的长度分成三等份,去掉其中的三分之一就是辀颈的周长。把辀颈的长度分成五等份,去掉其中的五分之一就是辀踵的周长。

原文

凡揉辀,欲其孙(顺木材的纹理)而无弧深。今夫大车之辕挚(zhì 通"轾",车前低后高),其登又难;既克其登,其覆车也必易。此无故,唯辕直且无桡也。是故大车平地,既节轩挚之任,及其登阤,不伏其辕,必缢其牛。此无故,唯辕直且无桡也。故登阤者,倍任者也,犹能以登;及其下阤也,不援其邸(当作"軧",车尾),必緧(qiū)其牛后。此无故,唯辕直且无桡也。是故辀欲颀典。辀深则折,浅则负。辀注则利准,利准则久,和则安。辀欲弧而无折,经而无绝。进则与马谋,退则与人谋。终日驰骋,左不楗(通"蹇",马跛行貌。);行数千里,马不契需(通"懦");终岁御,衣衽不敝：此唯辀之和也。劝登马力，马力既竭，辀犹能一取焉。良辀环灂（jiào 漆），自伏兔不至軓七寸，軓中有灂，谓之国辀。

‖ 译文 ‖

大凡用火揉制车辀，一定要顺着木材的纹理，不要过于弯曲。现在牛车的直辕较低，上斜坡就比较困难，就算能爬上坡，也容易翻车，这没有别的原因，只是因为牛车的车辕平直而不弯曲。所以牛车在平地上行驶，前后轻重均匀，适于负载。等到上坡时，如果没有人压住前辕，就会勒住牛的脖子，这没有别的原因，只是因为牛车的车辕平直而不弯曲。上斜坡时，虽然加倍费力，倒还是可以爬上去的；等到下坡时，如果没有人拉住车尾，牛后的革带一定会兜住牛的臀部，这没有别的原因，只是因为牛车的车辕平直而不弯曲。所以车辀要坚韧且弯曲适度。车辀弯曲过度，容易折断；弯曲不足，就会磨压马的股部。车辀弯曲适度，如同水下注一般，才能使车的行驶既快速又平稳；既快速又平稳，才能经久耐用；车辀曲直协调，才能安稳。车辀要弯曲适度而无断纹，顺着木材的纹理而无裂纹，配合人马进退自如，一天到晚驰骋不息，左边的骖马不会脚跛难行。即使行了数千里路，马也不会因为蹄子开裂受伤而怯懦。御者一年到头驾车驰驱，也不会磨破衣裳：这都是因为车辀曲直调和的缘故。好的车辀有利于马力的发挥，即使马的力气用尽了，车还能顺势前进几步路。好的车辀，漆纹如环，在伏兔的前边、不到前軓约七寸的地方，如果軓下辀上的漆纹仍旧完好，可以称为国家第一流的车辀。

原 文

轸之方也，以象地也；盖之圜也，以象天也；轮辐三十，以象日月也；盖弓二十有八，以象星也；龙旂九斿（liú 古代旌旗的下垂饰物），以象大火也；鸟旟七斿；以象鹑火也；熊旗六斿，以象伐也；龟蛇四斿，以象营室也；弧旌枉矢，以象弧也。

‖ 译文 ‖

车轸的方形，象征大地；车盖的圆形，象征天空。轮辐三十根，象征每月三十日；盖弓二十八根，象征二十八宿。龙旂饰九斿，象征大火星；鸟旟饰七斿，象征鹑火星；熊旗饰六斿，象征伐星；龟旐饰四斿，象征营室星；弧旌饰枉矢，象征弧星。

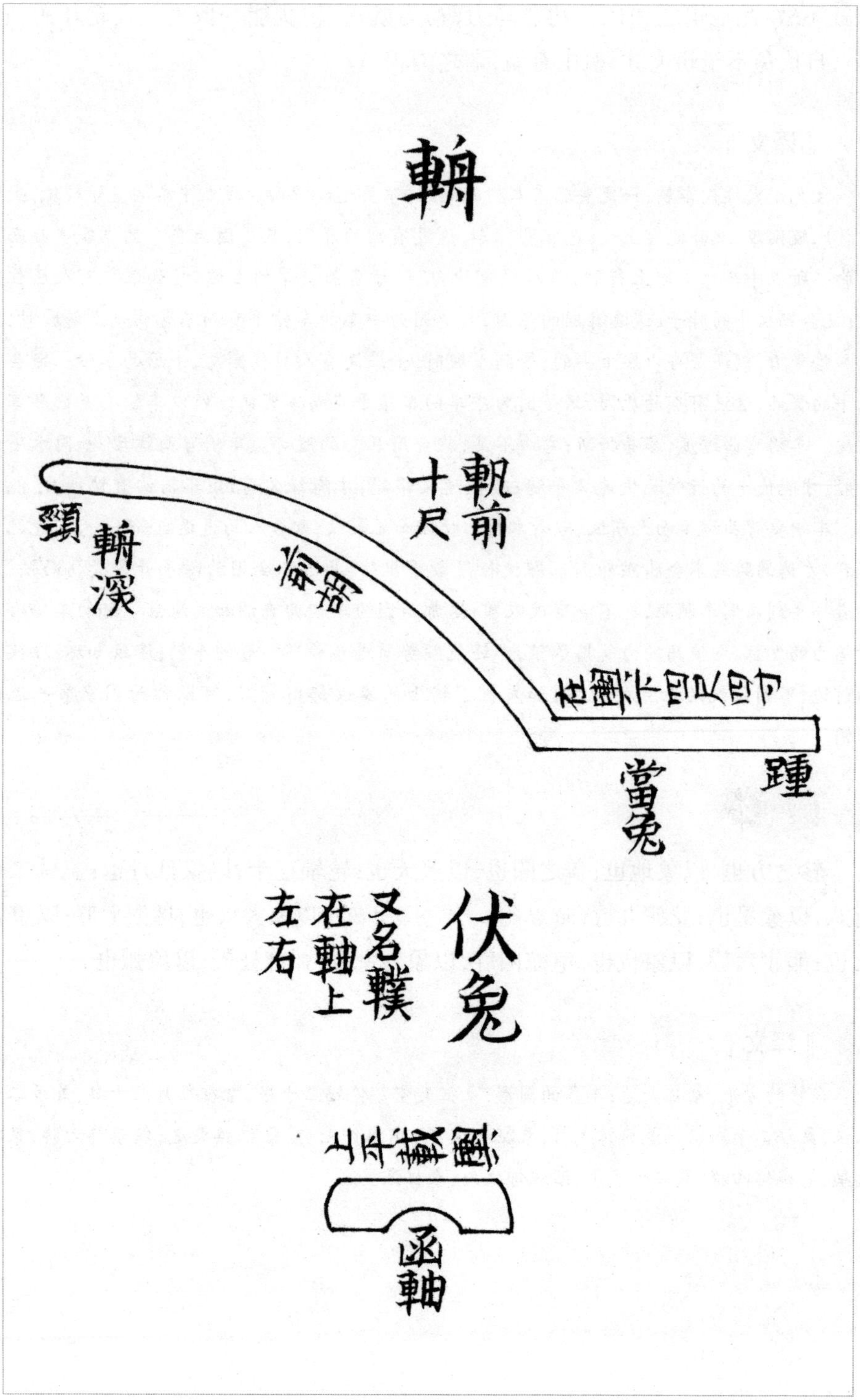
輈
軓前十尺
頸
輈深
前胡
在輿下四尺四寸
踵
當兔
伏兔
又名轐
在軸上
左右
輿軓平上
函軸

衡

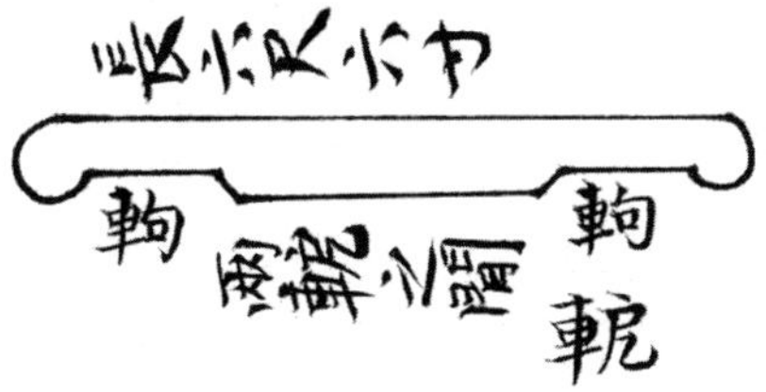

軸

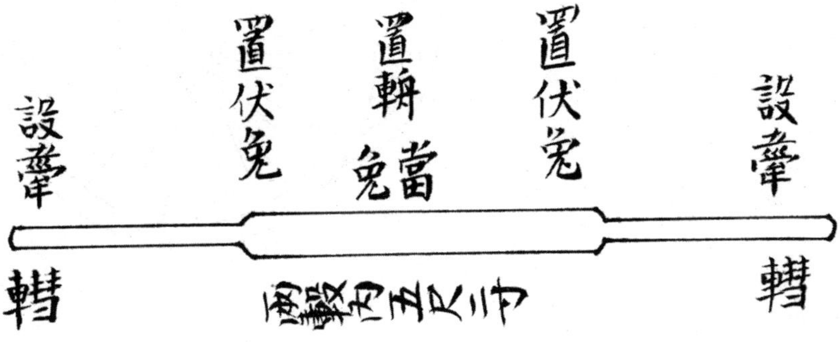

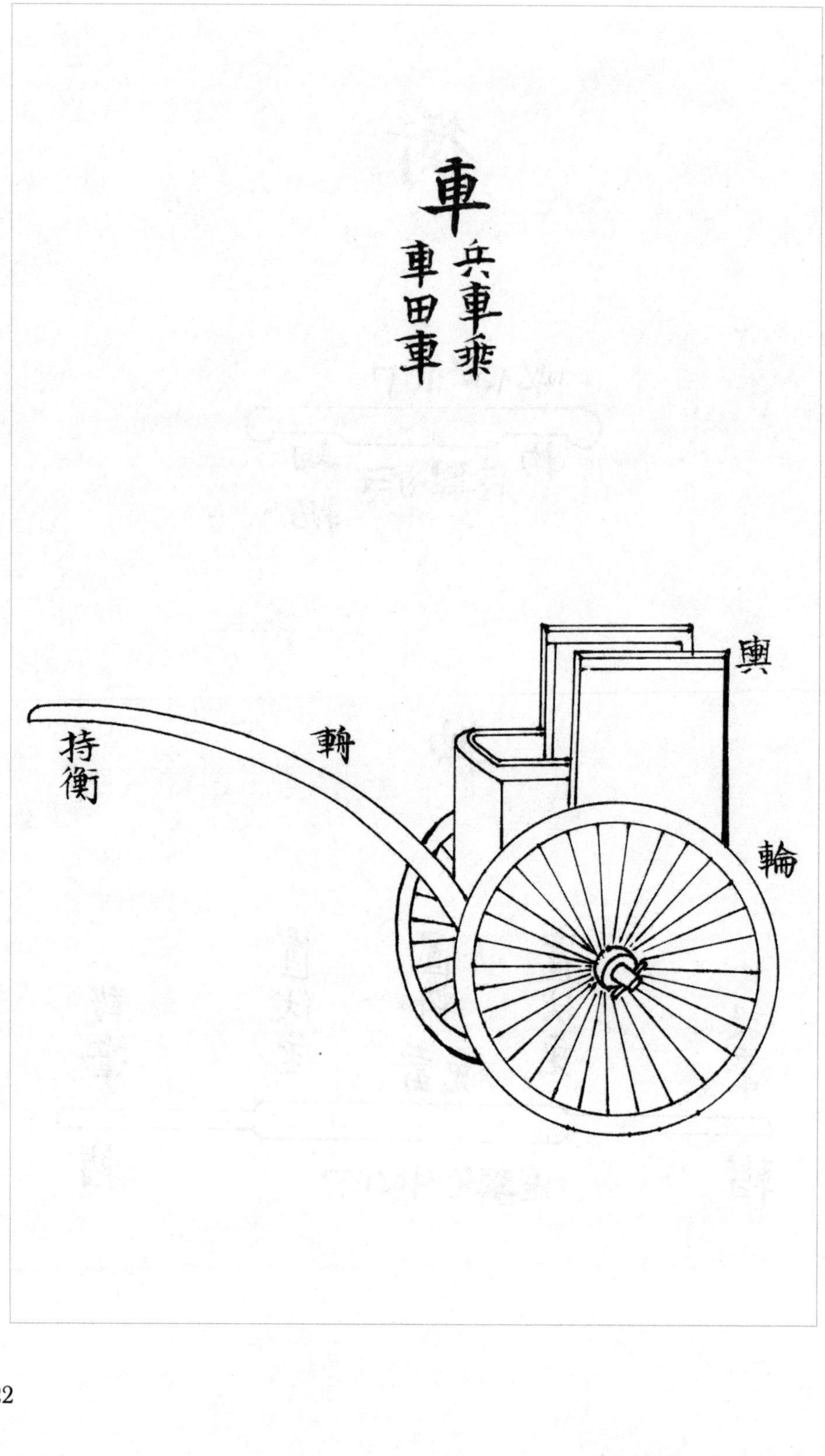
車
兵車乘車田車
輿
輈
持衡
輪

四　攻金之工

原文

攻金之工，筑氏执下齐（jì，通“剂”。铜锡合金中锡多者为下齐），冶氏执上齐（铜锡合金中锡少者为上齐），凫氏为声，栗氏为量，段氏为镈器，桃氏为刃。金有六齐：六分其金而锡居一，谓之钟鼎之齐；五分其金而锡居一，谓之斧斤之齐；四分其金而锡居一，谓之戈戟之齐；三分其金而锡居一，谓之大刃之齐；五分其金而锡居二，谓之削、杀矢之齐；金锡半，谓之鉴燧之齐。

‖译文‖

加工金属的工匠：筑氏掌管下齐，冶氏掌管上齐，凫氏制造乐器，栗氏制造量器，段氏制造农具，桃氏制造兵刃。青铜有六齐，铜与锡的比例为六比一的，叫做钟鼎之齐；五比一的，叫做斧斤之齐；四比一的，叫做戈戟之齐；三比一的，叫做大刃之齐；五比二的，叫做削、杀矢之齐；二比一的，叫做鉴燧之齐。

五 筑氏、冶氏、桃氏

原文

筑氏为削，长尺博寸，合六而成规。欲新而无穷，敝尽而无恶。

‖译文‖

筑氏制造书刀。长一尺，宽一寸，六把书刀正好围成一个正圆形。书刀锋利，要永远像新的一样；即使刀锋磨损殆尽，也不见瑕恶卷刃。

原文

冶氏为杀矢。刃长寸，围寸，铤十之，重三垸（huán 通“锾”，古代重量单位）。戈广二寸，内（戈穿入木柄中的部分）倍之，胡（戈的直下的部分）三之，援（戈的横出之刃）四之，已倨则不入，已句则不决。长内则折前，短内则不疾，是故倨句外博，重三锊（lüè 古代重量单位）。戟广寸有半寸，内三之，胡四之，援五之。倨句中矩，与刺（戟的上出部分）重三锊。

‖译文‖

冶氏制造杀矢。箭头长一寸，周长一寸，铤一尺，重三垸。戈宽二寸，内的长度是它的二倍，胡的长度是它的三倍，援的长度是它的四倍。援和胡之间的角度太钝的话，战斗时不易啄击敌人；太锐的话，战斗时不易割断目标；内太长的话，容易折断援；内太短的话，使用起来攻势不猛；所以援应横向伸出，微斜向上。戈重三锊。戟宽一寸半，内的长度是它的三倍，胡的长度是它的四倍，援的长度是它的五倍。援与胡纵横相交成直角。包括刺在内，全戟共重三锊。

原文

桃氏为剑，腊（liè 剑的两刃）广二寸有半寸，两从（剑脊两旁如坡者）半之。以其腊广为之茎围，长倍之。中其茎，设其后（指剑柄上所缠的绳）。参分其腊广，去一以为首广而围之。身长五其茎长，重九锊，谓之上制，上士服之。身长四其茎长，重七锊，谓之中制，中士服之。身长三其茎长，重五锊，谓之下制，下士服之。

‖译文‖

桃氏制造佩剑，佩剑的腊宽二寸半，两从的宽度各占一半，为一又四分之一寸。把腊的宽度作为剑柄的周长，剑柄的长度是其周长的两倍。用绳缠在剑柄中部作为缑。把腊的宽度分成三等份，去掉三分之一作为剑首的直径。剑身的长度是柄长的五倍，剑重九锊，称为上制剑，供上士佩带。剑身的长度是柄长的四倍，剑重七锊，称为中制剑，供中士佩带。剑身的长度是柄长的三倍，剑重五锊，称为下制剑，供下士佩带。

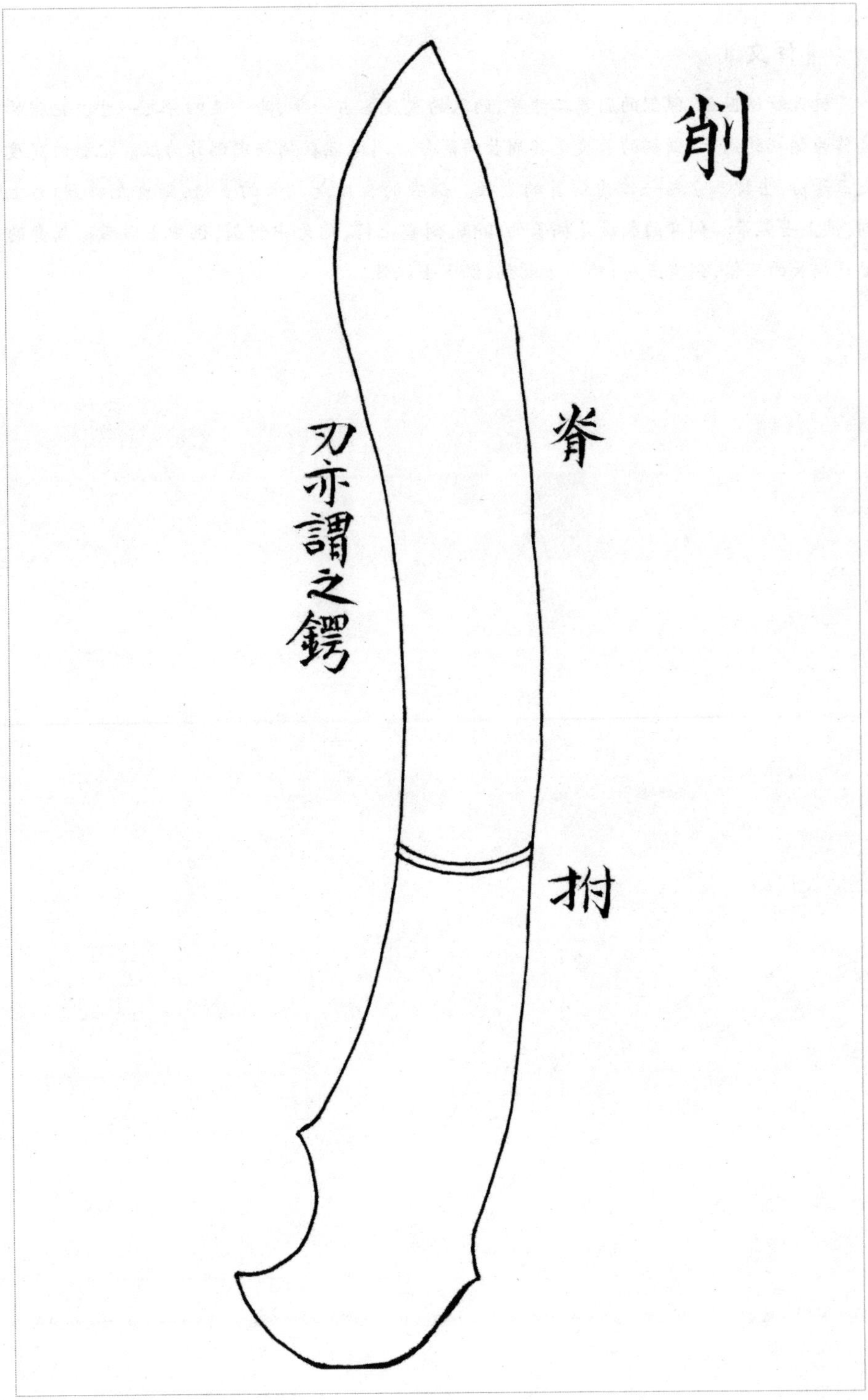
削
脊
刃亦謂之鍔
拊

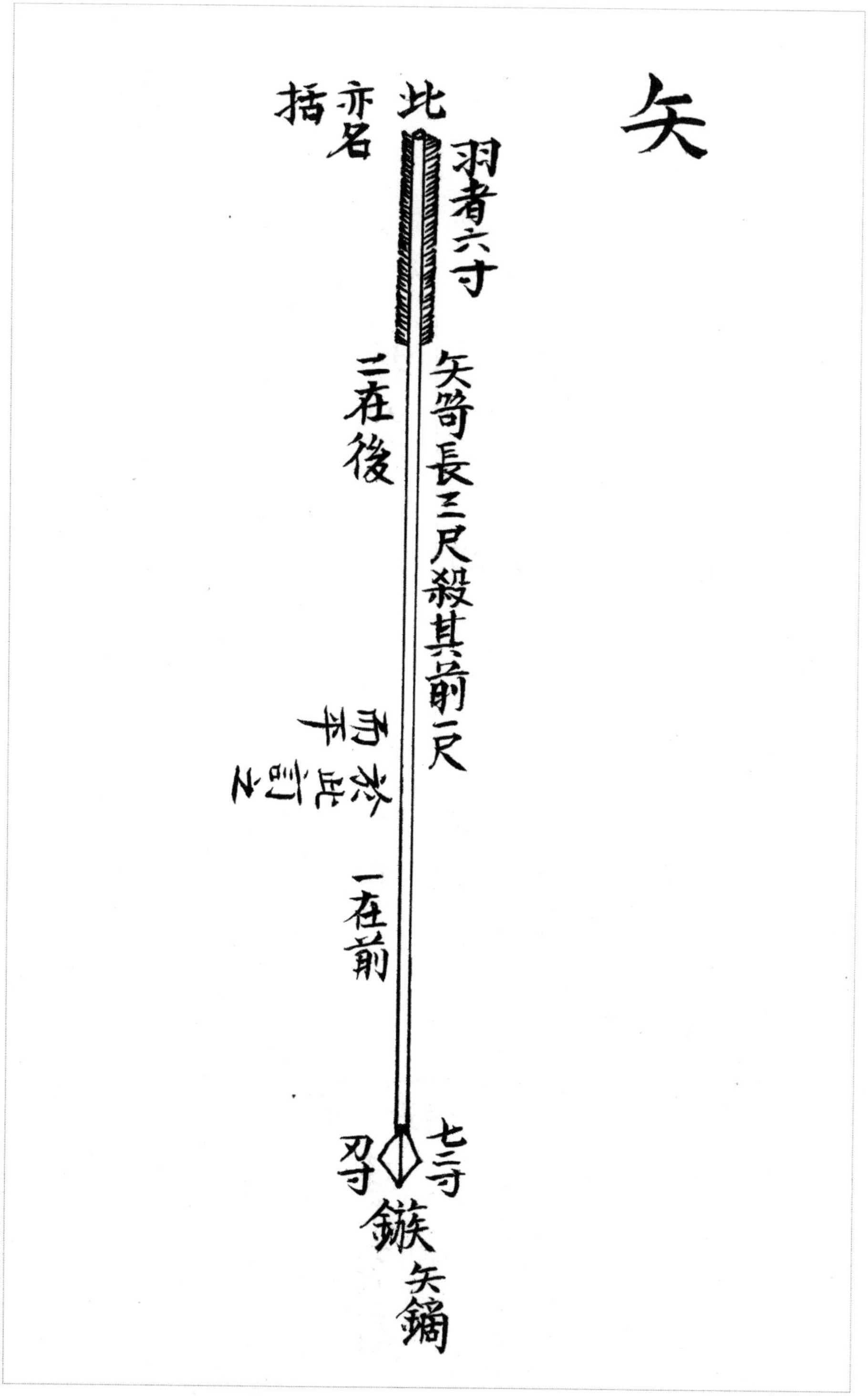
矢
羽者六寸
矢笴長三尺殺其前一尺
比
亦名括
二在後
而於
平此
司之
一在前
七寸
刃寸
鏃
矢鏑

戈

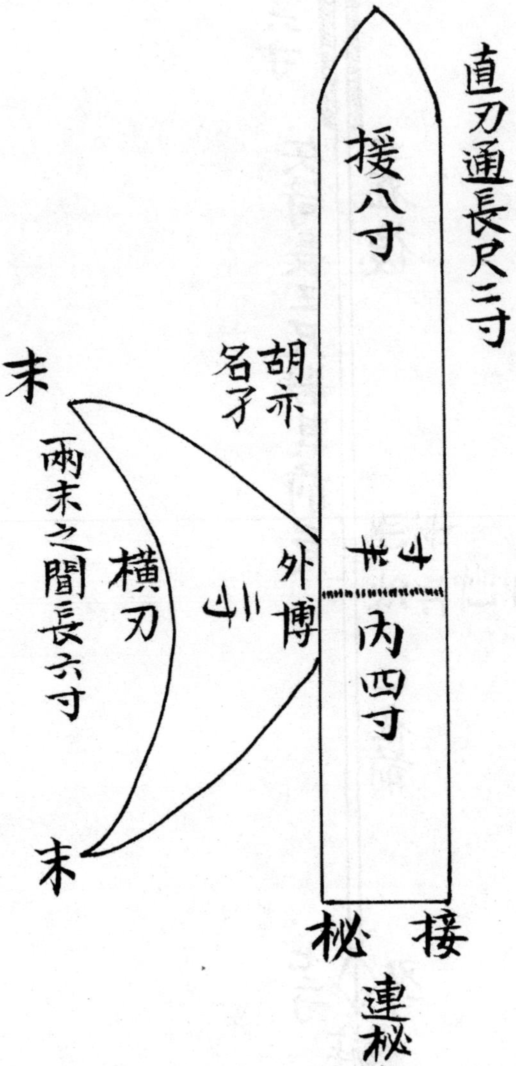
直刃通長尺二寸
援八寸
胡亦名孑
末
兩末之間長六寸
横刃
外博
内四寸
末
柲
接
連柲六尺六寸

戟

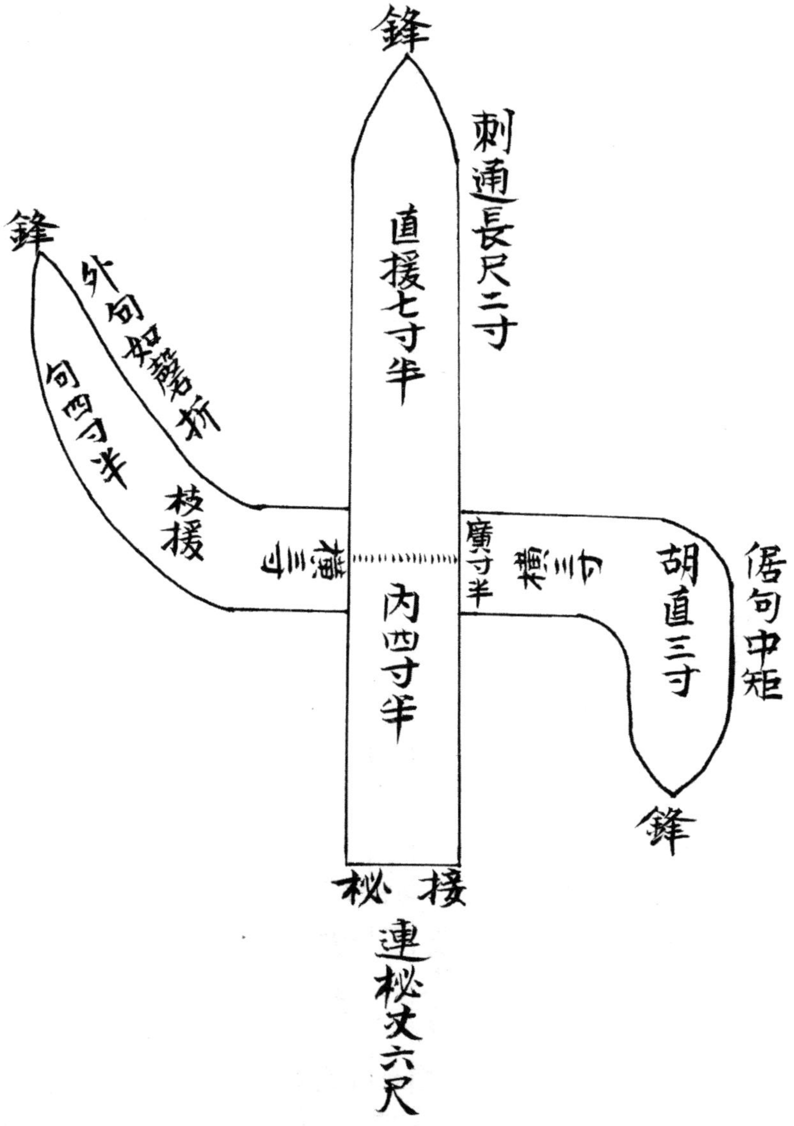
鋒
刺通長尺二寸
直援七寸半
鋒
外句如磬折
句四寸半
枝援
横三寸
廣寸半
横三寸
胡直三寸
倨句中矩
内四寸半
鋒
柲
接
連柲丈六尺

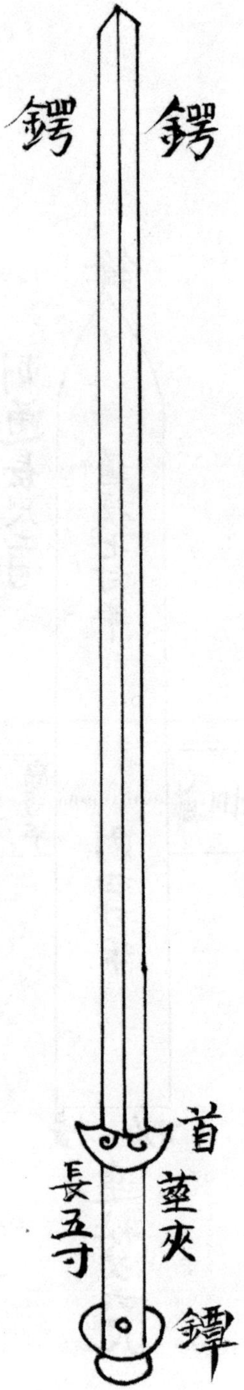
鍔
鍔
首
長五寸
莖夾
鐔

六　凫氏

原文

凫氏为钟。两栾谓之铣(指钟口两角)，铣间谓之于，于上谓之鼓，鼓上谓之钲，钲上谓之舞，舞上谓之甬，甬上谓之衡，钟县谓之旋，旋虫谓之干，钟带谓之篆，篆间谓之枚，枚谓之景。于上之攠(mí)谓之隧(钟上的敲击处)。十分其铣，去二以为钲。以其钲为之铣间，去二分以为之鼓间。以其鼓间为之舞修，去二分以为舞广。以其钲之长为之甬长，以其甬长为之围。参分其围，去一以为衡围。参分其甬长，二在上，一在下，以设其旋。薄厚之所震动，清浊之所由出，侈弇之所由兴，有说。钟已厚则石，已薄则播，侈则柞，弇则郁，长甬则震。是故大钟十分其鼓间，以其一为之厚；小钟十分其钲间，以其一为之厚。钟大而短，则其声疾而短闻；钟小而长，则其声舒而远闻。为遂(通“隧”)，六分其厚，以其一为之深而圜之。

‖译文‖

凫氏造钟。两栾称为铣，铣间的钟唇叫做于，于上受击的地方叫做鼓，鼓上的钟体称为钲，钲上的钟顶叫做舞，舞上的钟柄叫做甬，甬的上端面叫做衡，悬钟的环状物叫做旋，旋上的钟纽叫做干，钲上的纹饰叫做篆，篆间的钟乳叫做枚，枚又叫做景。于上磨错的部位叫做隧。把铣的长度分成十等份，去掉二等份就是钲的长度。用钲的长度作为两铣之间的距离，再去掉二等份就是两鼓之间的距离。用两鼓之间的距离作为舞的长度，再去掉二等份就是舞的宽度。用钲的长度作为甬的长度，用甬的长度作为它的周长，把甬的周长分成三等份，去掉一等份就是衡的周长。把甬长分成三等份，二等份在上，一等份在下，在甬部上下两段之间设置钟环。钟体厚薄之于振动频率，钟声清浊的由来，钟口宽窄产生的影响，这些都是可以解释的。钟壁太厚，犹如击石，声音不易发出；钟壁太薄，发出的声音容易播散；钟口太宽，发出的声音就太迫促；钟口太窄，发出的声音就抑郁不扬；钟甬太长，发出的声音就不正。所以大钟以钟口两鼓之间距离的十分之一作为壁厚，小钟以钟顶两钲之间距离的十分之一作为壁厚。钟体大而短，发出的声音急促而短暂，传播距离近；钟体小而长，发出的声音舒缓而持久，传播距离远。制造隧，把钟体的厚度分成六等份，用一等份作为隧凹下的深度，做成弧形。

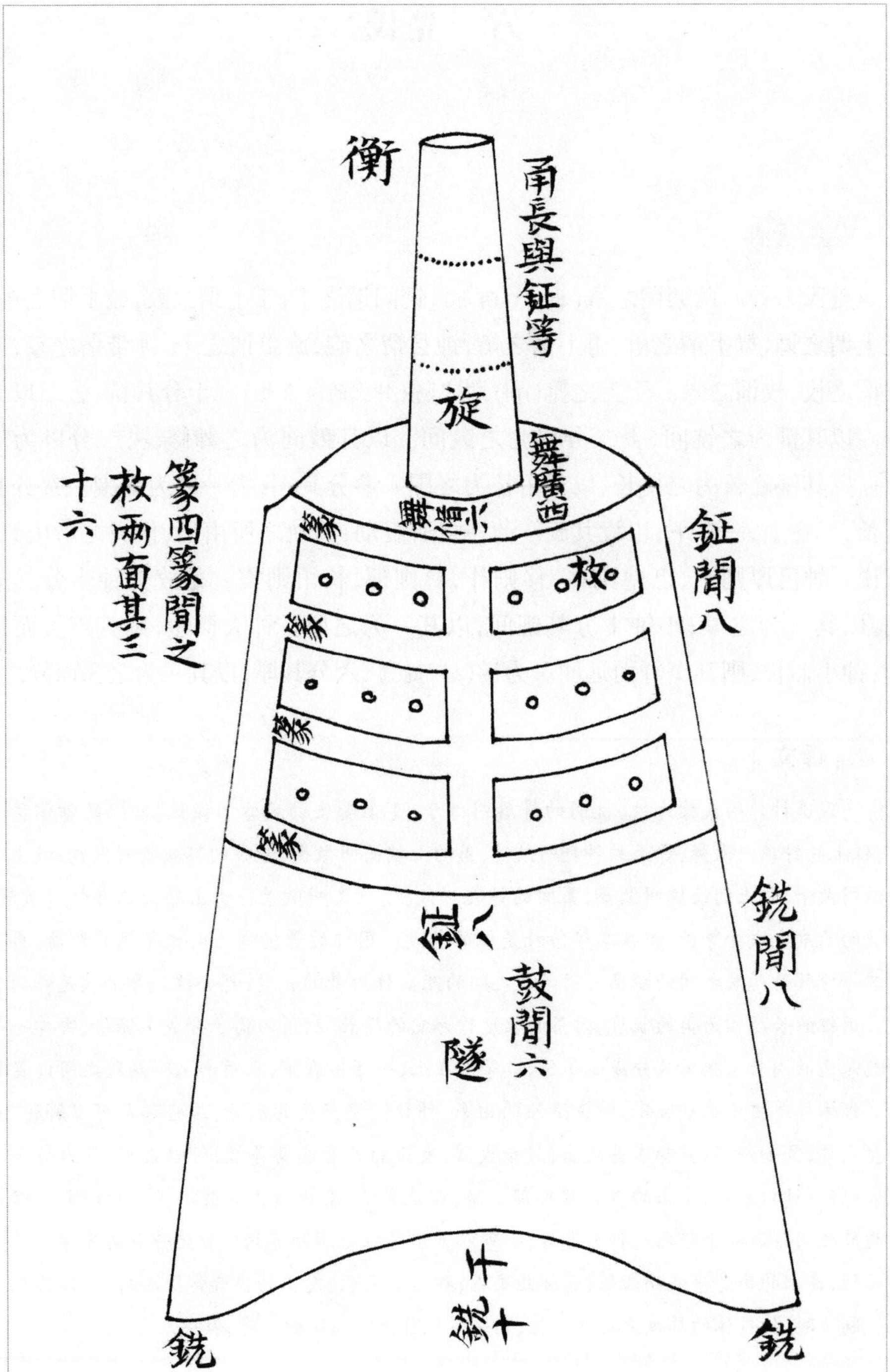
衡
甬長與鉦等
旋
舞廣四
篆四篆間之
枚兩面其三
十六
鉦間八
枚
篆
篆
篆
篆
銑間八
鼓間六
隧
銑
銑

七　栗氏、段氏(阙)

原　文

栗氏为量。改煎金、锡则不耗,不耗然后权之,权之然后准之,准之然后量之。量之以为鬴(同"釜"),深尺,内方尺而圜其外,其实一鬴。其臀一寸,其实一豆。其耳三寸,其实一升。重一钧(古代重量单位),其声中黄钟之宫,概而不税。其铭曰:"时文思索,允臻其极。嘉量既成,以观四国。永启厥后,兹器维则。"凡铸金之状,金与锡,黑浊之气竭,黄白次之;黄白之气竭,青白次之;青白之气竭,青气次之,然后可铸也。

段氏(阙)

‖译文‖

栗氏制造量器。先反复冶炼铜、锡,直到无杂质,不再耗减为止。然后称出所需数量的铜、锡,称量后浸入水中确定其体积大小,体积确定后再铸造量器。铸造量器鬴,深一尺,里面容积为一立方尺,口缘为圆形,其容积为一鬴。鬴的底部深一寸,其容积为一豆。鬴两侧的耳深三寸,其容积为一升。鬴重一钧,它的声音合乎黄钟的宫调。用概来刮平量器,使所量不致过多。鬴上的铭文说:"这位有文德的君主,为老百姓冥思苦想,确实达到了他的标准。这件好量器制成之后,用来颁示四方。永远开导他的子孙后代,把这件量器作为准则。"大凡冶炼青铜的状态:铜与锡初炼时会冒出黑浊的气体;黑浊的气体没有了,接着冒出黄白的气体;黄白的气体没有了,接着冒出青白的气体;青白的气体没有了,剩下的全是青气,这时就可以开始浇铸了。

段氏(阙)

量 鬴

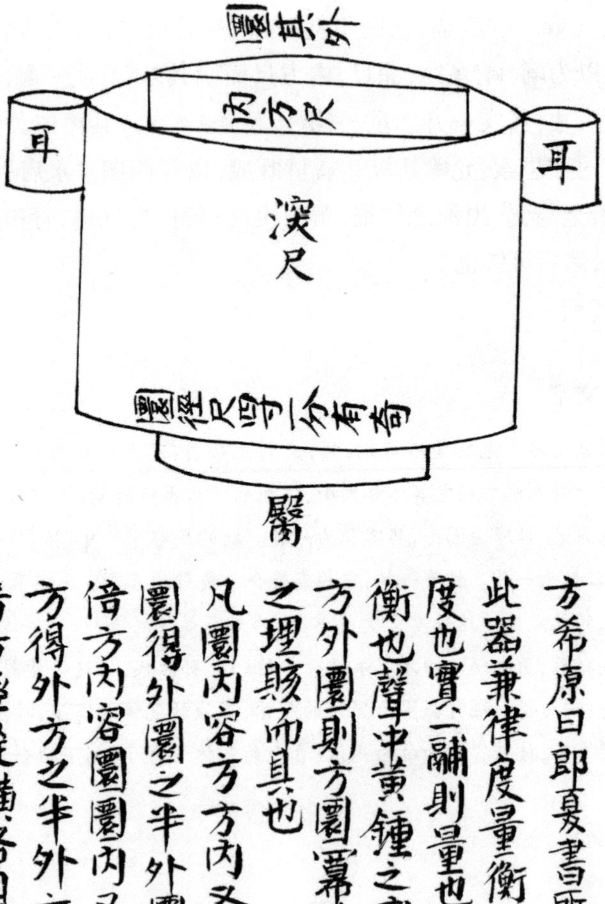

方希原曰郎夏書所謂和鈞也此器兼律度量衡、方尺深尺則度也實、一鬴則量也重一鈞則衡也聲中黃鍾之宮則律也內方外圜則方圜冪積少廣商要之理該而具也

凡圜內容方方內又容圜則內圜得外圜之半外圜得內圜之倍方內容圜圜內又容方則內方得外方之半外方得內方之倍方徑縱橫各自乘并之爲實開方除之是爲外圜徑

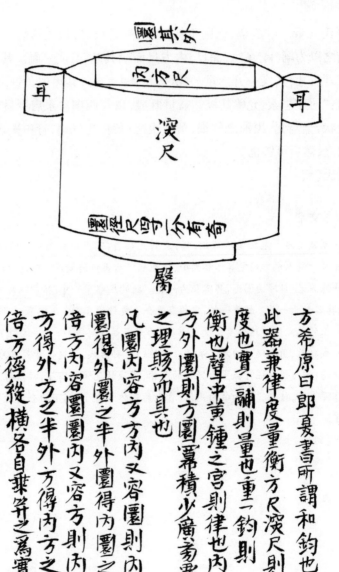

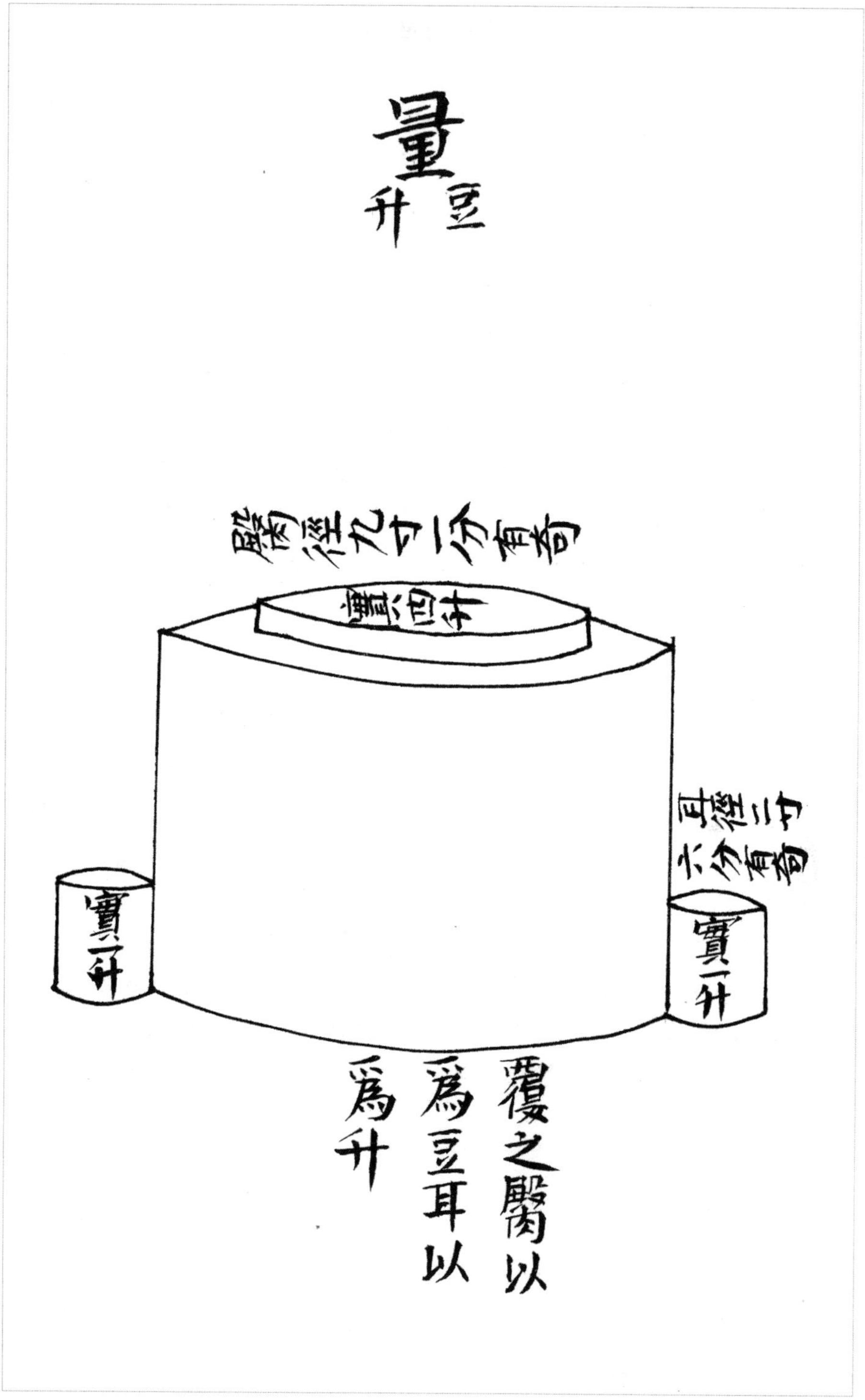

量
豆
升
臋內徑九寸一分有奇
實四升
耳徑三寸
六分有奇
實一升
實一升
覆之臋以
爲豆耳以
爲升

八　函人

原文

函人为甲。犀甲七属(zhǔ)，兕甲六属，合甲五属。犀甲寿百年，兕甲寿二百年，合甲寿三百年。凡为甲，必先为容，然后制革。权其上旅(铠甲的腰部以上的部分)与其下旅(铠甲的腰部以下的部分)，而重若一。以其长为之围。凡甲，锻不挚(zhì)则不坚，已敝则桡。凡察革之道：视其钻空(kǒng)，欲其惌(yuān 小孔貌)也；视其里，欲其易也；视其朕(皮甲缝合之处)，欲其直也，櫜(gāo 古代收藏衣甲或弓箭之器)之，欲其约也；举而视之，欲其丰也；衣之，欲其无齘(xiè 本指牙齿相磨切，这里比喻革片相接之处不密合)也。视其钻空而惌，则革坚也；视其里而易，则材更也；视其朕而直，则制善也。櫜之而约，则周也；举之而丰；则明也；衣之无齘，则变也。

‖译文‖

函人制造皮甲。犀甲由七组革片连缀而成，兕甲由六组革片连缀而成，合甲由五组革片连缀而成。犀甲可以用一百年，兕甲可以用二百年，合甲可以用三百年。大凡制甲，一定要先量度人的体形，然后裁制革片。要分别称量上身与下身革片，使其重量一致。用甲的长度作为腰围。甲的革片如果敲打不细致，那就不坚固；敲打过度，损伤了皮革纹理，那就容易弯曲。检验革甲的方法：看看连缀革片穿线的针孔，要求针孔细小。看看革片里子，要求平整光滑。看看缝合的甲缝，要求顺直。装进袋子，要求体积小；提举在手里看时，要显得宽大；穿到身上，要求革片相互不磨切。看到连缀革片所穿的针孔小，就知道革甲一定很坚牢。看到革片里子平整光滑，就知道品质一定很优良。看到甲缝顺直，就知道做工考究。装进袋子体积小，就知道革甲做工精致。提举在手里看起来宽大丰满，革甲一定光泽均一。穿在身上革片相互不磨切，活动起来一定很方便舒适。

犀

九　鲍人

原 文

鲍人之事。望而视之，欲其荼白也；进而握之，欲其柔而滑也；卷而抟之，欲其无迆也；视其著，欲其浅也；察其线，欲其藏也。革欲其荼白而疾浣之，则坚；欲其柔滑而腥脂之，则需（通“软”）。引而信之，欲其直也。信之而直，则取材正也；信之而枉，则是一方缓一方急也。若苟一方缓一方急，则及其用之也，必自其急者先裂。若苟自急者先裂，则是以博为帴（jiǎn 狭窄）也。卷而抟之而不迆，则厚薄序也。视其著而浅，则革信也。察其线而藏，则虽敝不甐。

‖译文‖

鲍人的工作。鞣制的皮革远看颜色要像荼一样白；走近用手握捏要感到柔软、平滑；把它卷紧，两头要整齐而不歪斜；再看两张皮缝合连接的地方，一定要又薄又窄；察看缝合的线，一定要藏而不露。如果皮革的颜色像荼一样白，入水清洗时很快捷，就会很坚韧；如果皮革柔软、平滑，涂上厚厚的油脂，就会很柔软。把它拉伸开来，要求很平直。伸展开来很平直，就说明裁取的革材纹理很正。如果伸展开来歪斜不直，就说明一边太松，一边太紧。如果一边太松，一边太紧，那么到了使用的时候，一定从绷得太紧的地方先发生断裂。如果从太紧的地方先发生断裂，这样宽的皮革反而变窄了。把皮革卷紧而不歪斜，就说明厚薄是均匀的。看上去两张皮缝合的地方又薄又窄，皮革就不容易伸缩变形。看上去皮革的缝线藏而不露，皮革即使用得破旧了，缝线也不会受损伤。

十　韗人、韦氏(阙)、裘氏(阙)

原文

韗(yùn)人为皋陶(本指鼓的木框,这里用作鼓名)。长六尺有六寸,左右端广六寸,中尺,厚三寸,穹者三之一,上三正。鼓长八尺,鼓四尺,中围加三之一,谓之鼖(fén)鼓。为皋鼓,长寻有四尺,鼓四尺,倨句磬折。凡冒鼓,必以启蛰之日。良鼓瑕如积环。鼓大而短,则其声疾而短闻;鼓小而长,则其声舒而远闻。

韦氏(阙)

裘氏(阙)

‖译文‖

韗人制造皮鼓。每条鼓木长六尺六寸,左右两端宽六寸,当中宽一尺,木板厚三寸,中央穹窿的高度是鼓面直径的三分之一。把鼓木分成三段,每段板面平直。鼓长八尺,鼓面直径四尺,鼓腹直径比鼓面直径多三分之一,称为鼖鼓。制造皋鼓,长一丈二尺,鼓面直径四尺,鼓腹向两端屈曲所成的钝角等于一磬折。大凡给鼓蒙皮,一定要在惊蛰那天。制造精良的鼓,鼓皮上会留下很多漆痕,像很多同心的环形纹理。鼓大而短,声调高而急促,传播距离近;鼓小而长,声调低而舒缓,传播距离远。

韦氏(阙)

裘氏(阙)

韗人

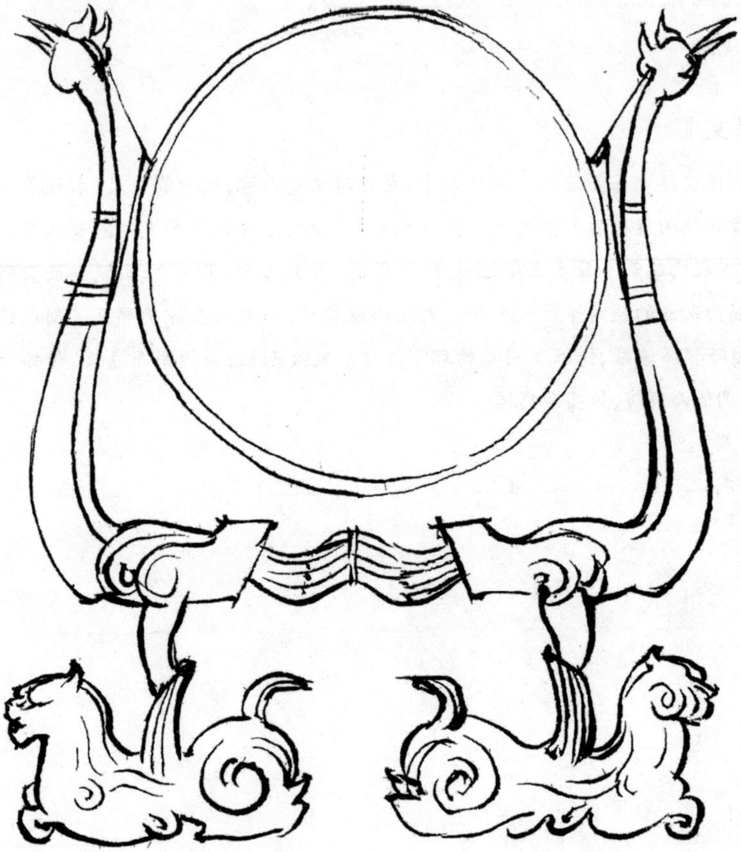

晋鼓

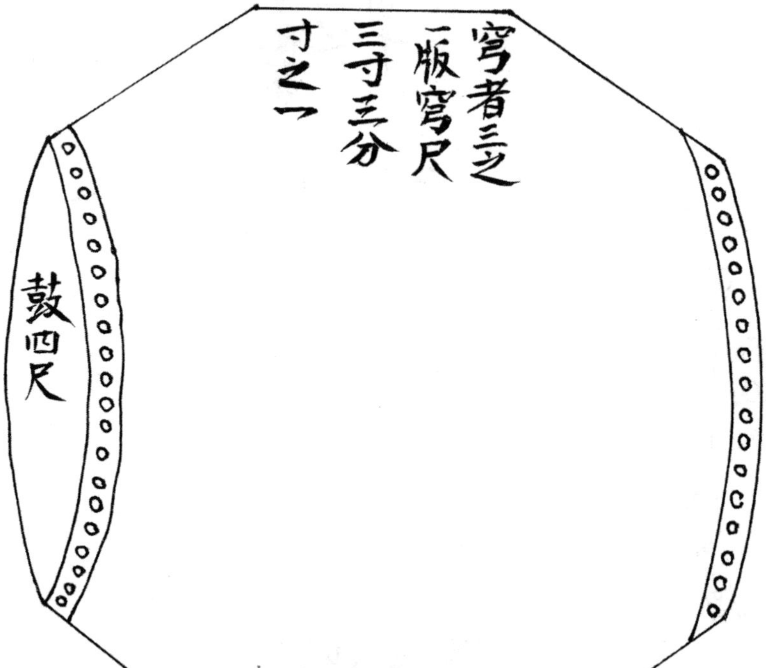
穹者三之
一版穹尺
三寸三分
寸之一
鼓四尺
長六尺六寸

鼖鼓

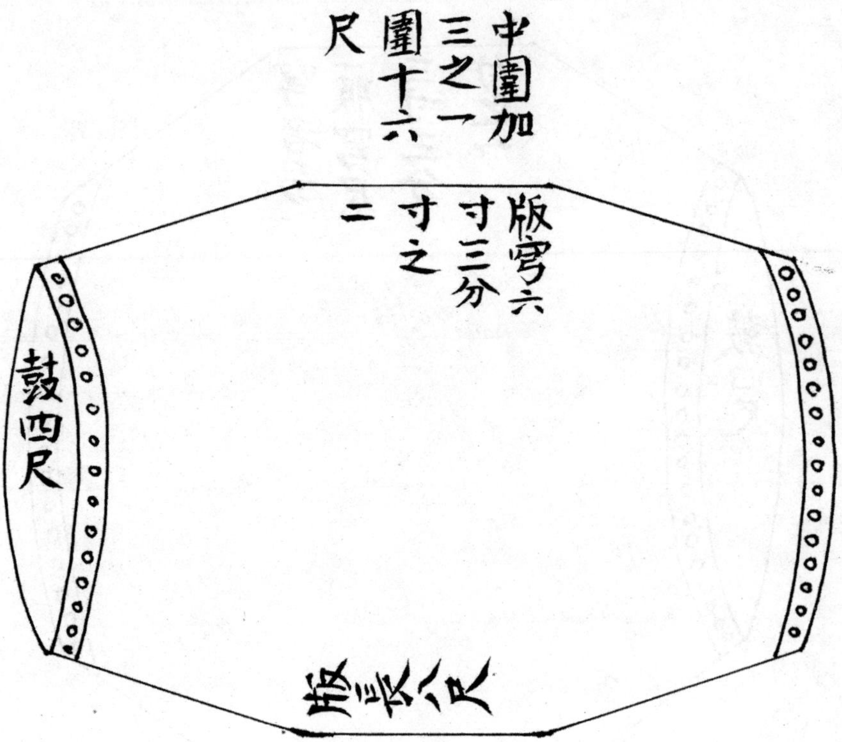
中圍加三之一圍十六尺
版穹六寸三分寸之二
鼓四尺
版長八尺

皋鼓

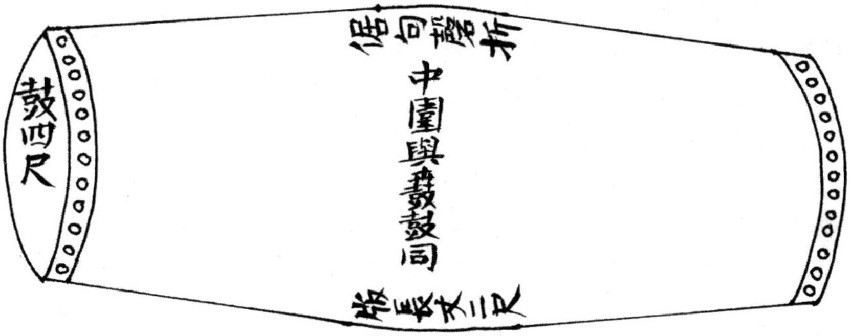

十一　画缋

原文

画缋之事。杂五色。东方谓之青，南方谓之赤，西方谓之白，北方谓之黑，天谓之玄，地谓之黄。青与白相次也，赤与黑相次也，玄与黄相次也。青与赤谓之文，赤与白谓之章，白与黑谓之黼，黑与青谓之黻，五采备谓之绣。土以黄，其象方，天时变。火以圜，山以章，水以龙，鸟兽蛇。杂四时五色之位以章之，谓之巧。凡画缋之事，后素功。

‖译文‖

绘画的工作。调配五方正色。东方叫做青色，南方叫做赤色，西方叫做白色，北方叫做黑色，天叫做玄色，地叫做黄色。青色与白色相呼应，赤色与黑色相呼应，玄色与黄色相呼应。青色与赤色相间叫做文；赤色与白色相间叫做章；白色与黑色相间叫做黼；黑色与青色相间叫做黻。五彩齐备叫做绣。用黄色画大地，用方形作为大地的象征，画天空要根据四季的变化用色。用圆环作为象征画大火，用獐的犬齿作为象征画山，用龙作为象征画水。此外，还画鸟、兽、蛇等。适当地调配好象征四季的五色使彩色鲜明，这才叫做技巧高超。大凡绘画的工作，必须先上彩色，最后用白粉勾勒，以衬托画面的光彩与鲜亮。

十二　钟氏、筐人(阙)

原文

钟氏染羽。以朱湛(jiān 浸渍)丹秫(shú),三月而炽(蒸煮)之,淳而渍之。三入为纁(xūn),五入为緅(zōu),七入为缁。

筐人(阙)

译文

钟氏染制羽毛。将朱砂和有黏性的红高粱放在一起浸泡三个月,然后蒸熟,等丹秫稠厚变粘,再用来浸染羽毛。羽毛放在染汁中浸染三次,就变成纁色;浸染五次,就变成緅色;浸染七次,就变成缁色。

筐人(阙)

十三　慌氏

原文

慌氏湅丝。以涚(shuì)水沤其丝七日,去地尺暴(后来写作“曝”)之。昼暴诸日,夜宿诸井,七日七夜,是谓水湅。湅帛,以栏(liàn 同“楝”)为灰,渥淳其帛,实诸泽器,淫之以蜃。清其灰而盝(lù)之,而挥之,而沃之,而盝之,而涂之,而宿之,明日沃而盝之。昼暴诸日,夜宿诸井,七日七夜,是谓水湅。

‖译文‖

慌氏练丝。把丝放在和了草木灰的温水中浸泡七日,然后挂在高于地面一尺处暴晒。白天放在太阳下暴晒,夜晚悬挂在井水里浸泡,经过七日七夜,这就叫做水练。练帛,把楝叶烧成灰,制成楝叶灰汁,将帛浇透浸透,放在光滑的容器里,再用蚌壳灰水浸泡,使浸渍液中的污物沉淀下来。取出丝帛滤去水,抖去污物,再浇水,滤去水,再涂上蚌壳灰,静置过夜。第二天同样在帛上浇水,滤去水。白天放在太阳下暴晒,夜晚悬挂在井水里浸泡,经过七日七夜,这就叫做水练。

卷下

十四　玉人、楖人(阙)、雕人(阙)

原文

玉人之事:镇圭尺有二寸,天子守之;命圭九寸,谓之桓圭,公守之;命圭七寸,谓之信圭,侯守之;命圭七寸,谓之躬圭,伯守之。天子执冒(通"瑁"),四寸,以朝诸侯。天子用全,上公用龙(通"尨",杂色),侯用瓒(质地不纯的玉),伯用将(当作埒,玉和石各占一半的玉石),继子男执皮帛。天子圭中必。四圭尺有二寸,以祀天。大圭长三尺,杼上,终葵首,天子服之。土圭尺有五寸,以致日,以土地。祼圭尺有二寸,有瓒,以祀庙。琬圭九寸而缫,以象德。琰圭九寸,判规,以除慝,以易行。璧羡度尺,好三寸,以为度。圭璧五寸,以祀日月星辰。璧琮九寸,诸侯以享天子。谷圭七寸,天子以聘女。

‖译文‖

玉人的工作:镇圭长一尺二寸,由天子掌管;命圭长九寸,叫做桓圭,由公掌管;命圭长七寸(或五寸),叫做信圭,由侯掌管;命圭长七寸,叫做躬圭,由伯掌管。天子掌管瑁,长四寸,在接受诸侯的朝觐时使用。天子用纯色的玉,上公用杂色的玉石,侯用质地不纯的玉石,伯用玉和石各占一半的玉石。位在子男之后孤拿豹皮裹饰的束帛。天子的圭中央系有丝绳。四圭各长一尺二寸,用来祭祀天。大圭长三尺,从中部向上逐渐削薄,其首形如方椎,天子佩带。土圭长一尺五寸,用来测量日影,度量土地。祼礼用的圭瓒长一尺二寸,用来祭祀宗庙。琬圭长九寸,用垫板,用来象征德行。琰圭长九寸,作"判观"状,用来诛除恶逆,改易诸侯的恶行。璧的直径长一尺,内孔直径三寸,用作尺的标准长度。圭的边长与璧的直径都是五寸,用来祭祀日月星辰。璧的直径与琮的边长都是九寸,诸侯用来进献天子。谷圭长七寸,天子用来聘女。

原文

大璋、中璋九寸,边璋七寸,射(边璋前端的尖角部分)四寸,厚寸。黄金勺,青金外,朱中,鼻寸,衡四寸,有缫,天子以巡守,宗祝以前马。大璋亦如之,诸侯以聘女。瑑圭璋八寸,璧琮八寸,以眺聘。牙璋、中璋七寸,射二寸,厚寸,以起军旅,以治兵守。驵琮五寸,宗后以为权。大琮十有二寸,射四寸,厚寸,是谓内镇,宗后守之。驵琮七寸，鼻寸有半寸，天子以为权。两圭五寸有邸，以祀地，以旅四望。瑑琮八寸，诸侯以享夫人。案十有二寸，枣栗十有二列，诸侯纯九，大夫纯五，夫人以劳诸侯。璋邸射素功，以祀山川，以致稍饩。

榔(同“栉”)人(阙)

雕人(阙)

‖译文‖

大璋、中璋长九寸，边璋长七寸，射四寸，厚一寸。璋瓒用铜作勺，外镶绿松石，内髹朱漆，瓒鼻长一寸，勺体部分直径四寸，有衬垫。天子巡狩时祭山川，与大祝杀马祭山川之前，行灌礼用。大璋也一样，诸侯用来聘女。瑑圭、瑑璋长八寸，璧的直径与琮的边长都是八寸，诸侯用来向王行眺礼或聘礼。牙璋、中璋长七寸，射二寸，厚一寸，用来发兵，调动守卫的军队。驵琮的边长是五寸，王后用作称锤。大琮的边长是一尺二寸，射四寸，厚一寸，这就是所谓内镇之物，由王后掌管。驵琮长七寸，鼻纽一寸半，天子作为称锤。两圭各长五寸，底部与璧相连，用来祭祀大地与旅祭四方的名山大川。瑑琮长八寸，诸侯用来进献天子夫人。玉案的高度一尺二寸，都盛满枣子与栗子，并列成十二对，对于来朝的诸侯并列成九对，大夫并列成五对，天子夫人用来慰劳诸侯、大夫们。底部有尖状物，没有雕饰的璋，用来祭祀山川，给宾客赠送粮草。

榔人(阙)

雕人(阙)

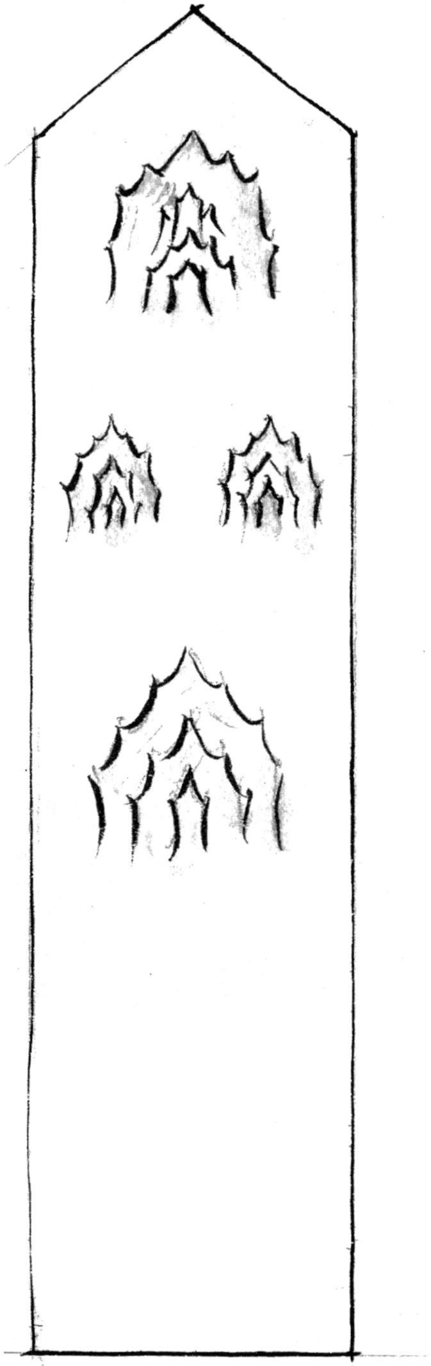

鎮圭

瓚

圭

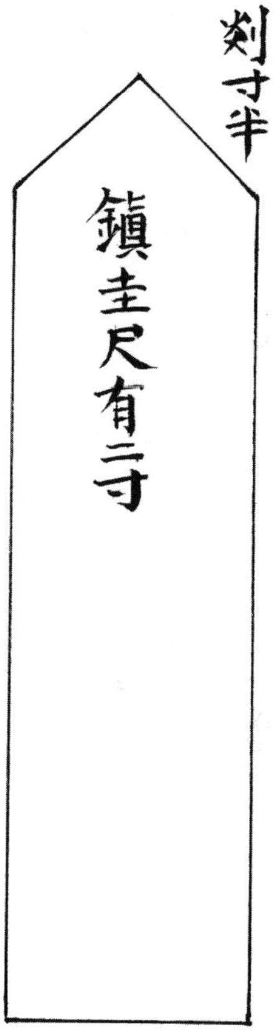

據聘禮記及贊大行凡圭厚博左右剡立同桓圭九寸信圭七寸躬圭七寸而前詘土圭尺五寸穀圭七寸粟文瑑圭八寸圻鄂瑑起形制無殊也不別為圖

璋

半圭曰璋瑑璋八寸有折鄂牙璋中璋七寸射二寸剡側有鉏牙中之飾皆不別為圖

璧

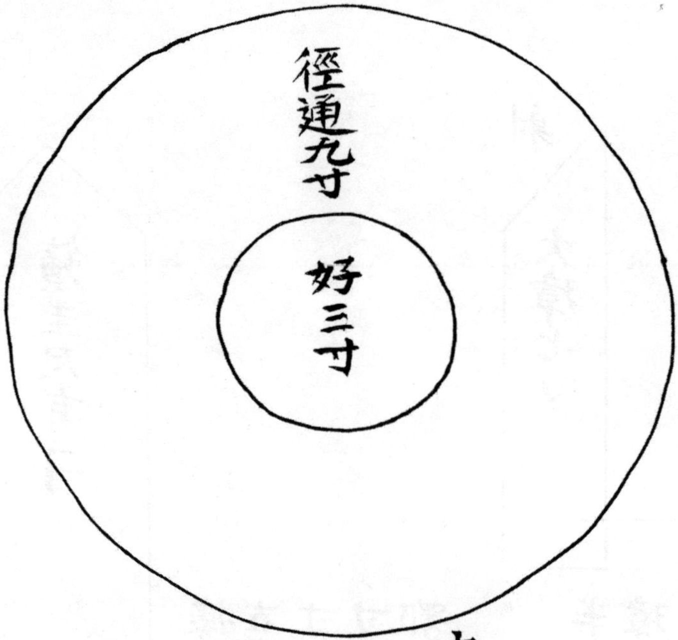

肉倍好謂之璧子執穀璧五寸

男執蒲璧五寸考工記文不具

瑑璧八寸有圻鄂瑑不別爲圖

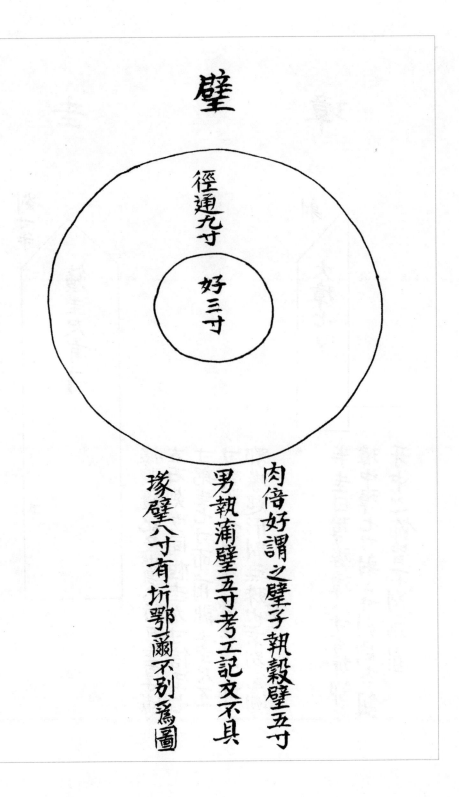

琮

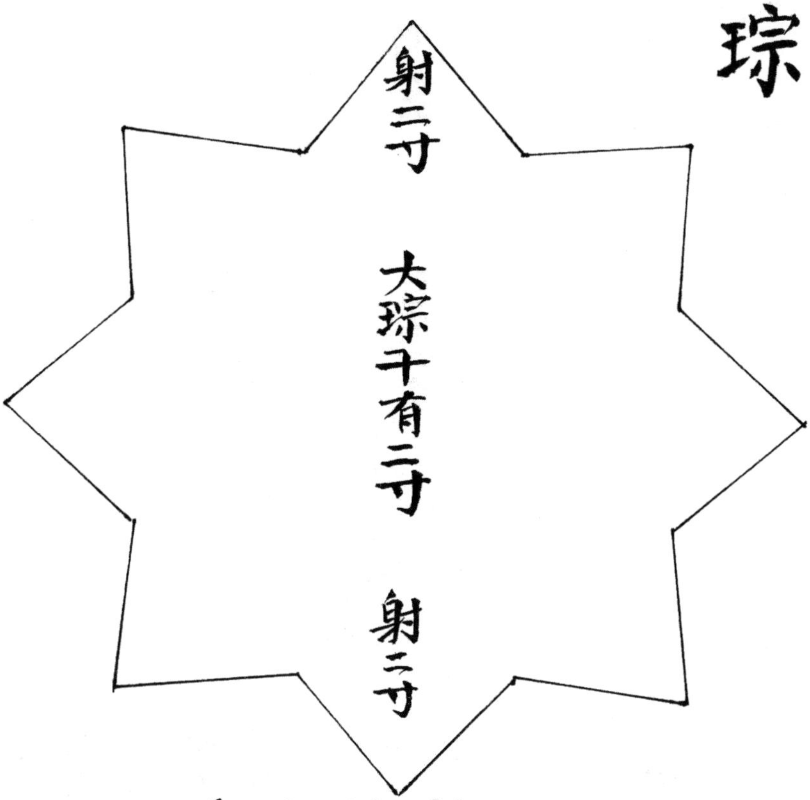

惟大琮言射四寸以射各出二寸兩兩相對并爲四其餘皆不言射琮八方象地疑不刻爲射故八方也瑑琮八寸圻鄂瑑起天子之駔琮七寸鼻寸半宗后之駔琮五寸琮外角内實故爲鼻以結組諸侯享王后之琮

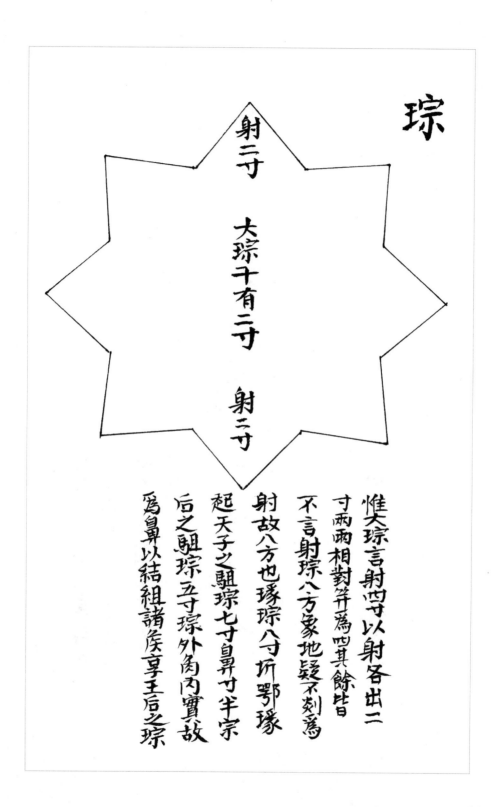

四圭

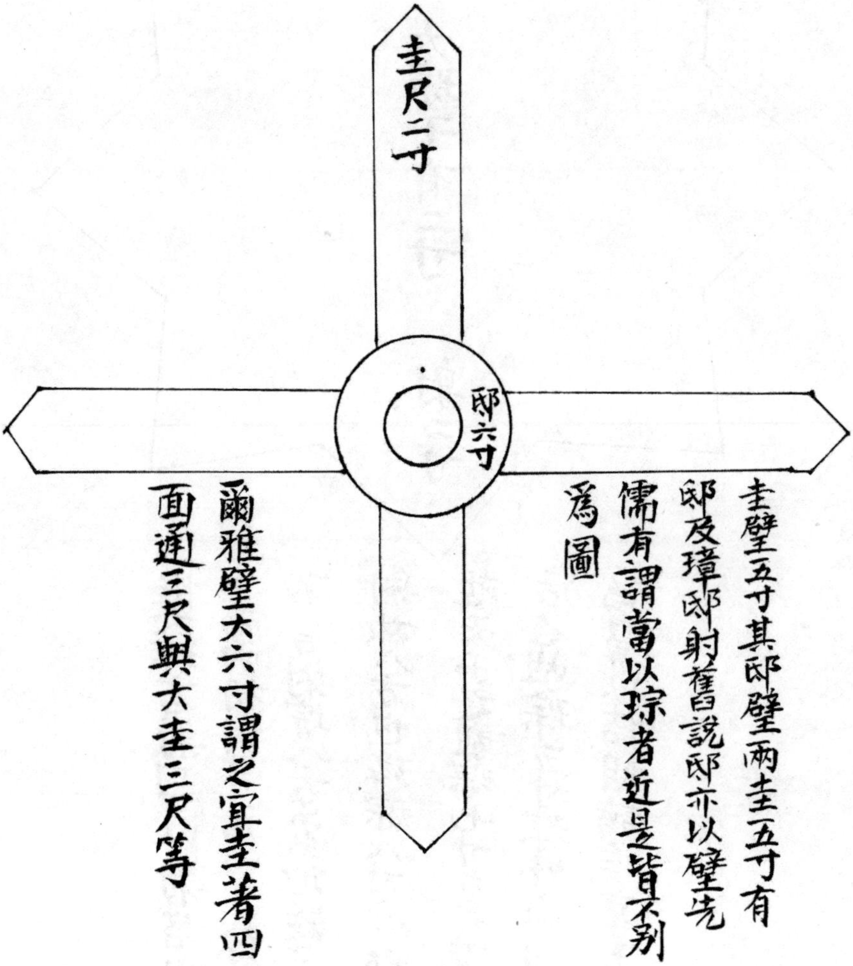

圭璧五寸其邸璧兩圭五寸有邸及璋邸射舊說邸亦以璧先儒有謂當以琮者近是皆不別爲圖

爾雅璧大六寸謂之宣圭著四面通三尺與大圭三尺等

大圭

終葵首　杼半寸　自中已上漸殺

祼圭

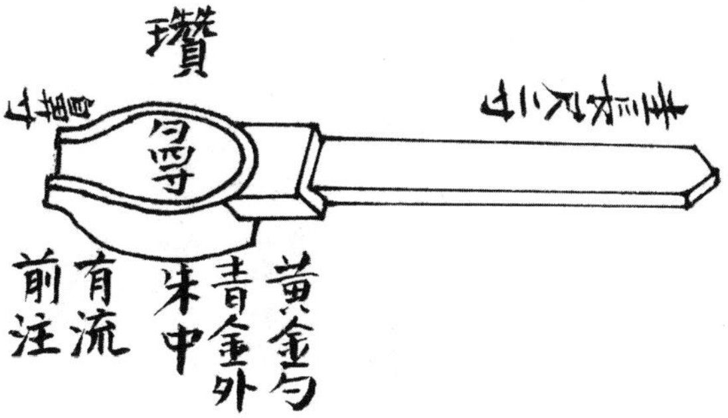

以圭為柄曰圭瓚以璋為柄曰璋瓚其勺並同故不別為圖

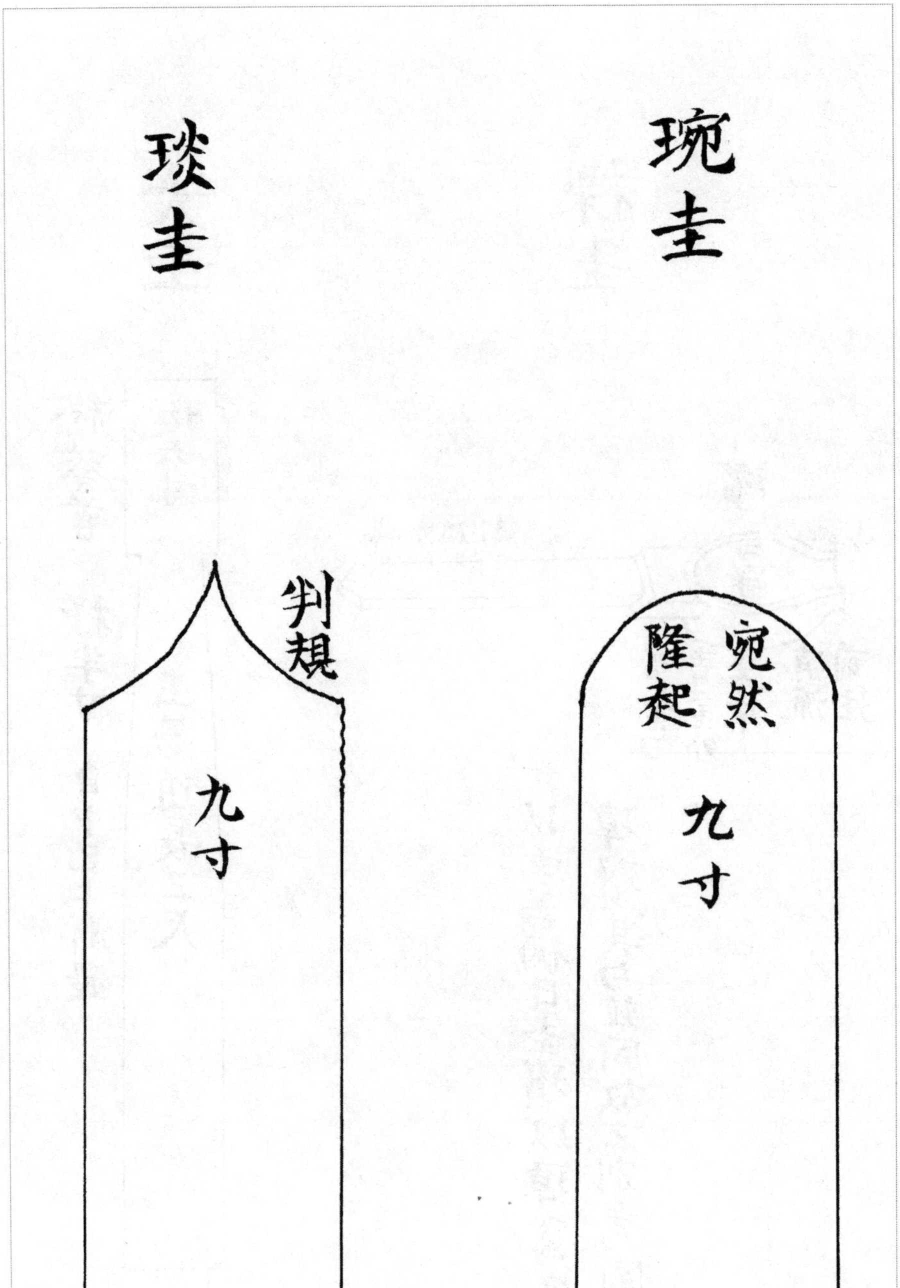
琬圭
宛然
隆起
九寸
琰圭
判規
九寸

璧羨

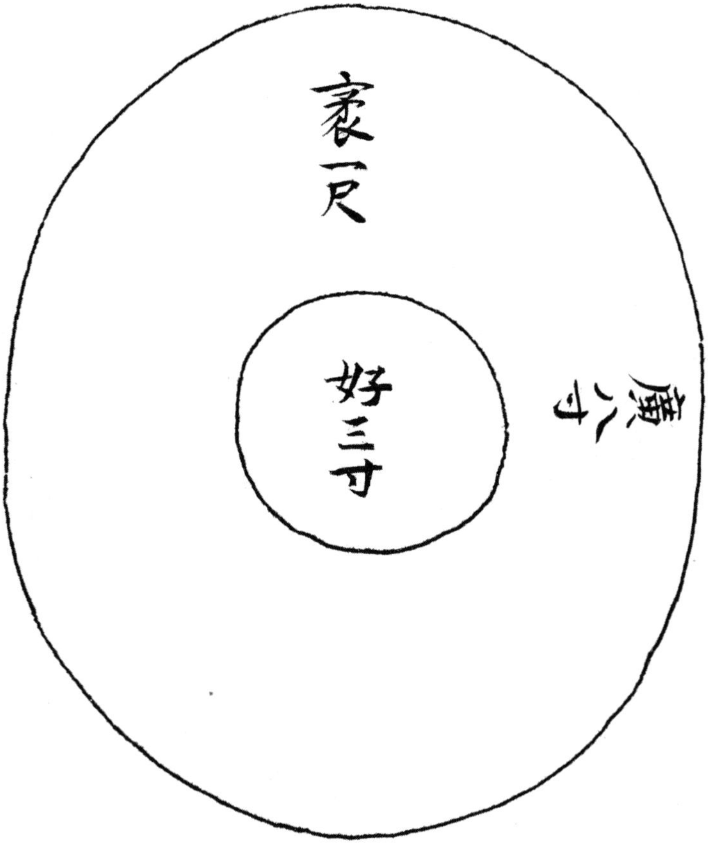

案

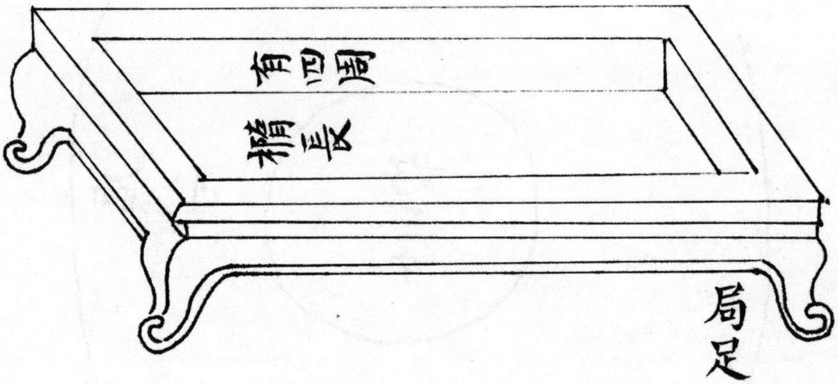

十五　磬氏

原文

磬氏为磬。倨句一矩有半。其博为一，股为二，鼓为三。参分其股博，去一以为鼓博。参分其鼓博，以其一为之厚。已上，则摩其旁；已下，则摩其耑(后来写作“端”)。

译文

磬氏造磬。股与鼓的弯曲度数为一矩半(一百三十五度)。如果取股宽为一个单位长度，那么股长为两个单位长度，鼓长为三个单位长度。把股的宽度分成三等份，去掉一等份就是鼓的宽度。把鼓的宽度分成三等份，用一等份作为磬的厚度。如果磬声太清，就琢磨它的两旁；如果磬声太浊，就琢磨它的两端。

磬

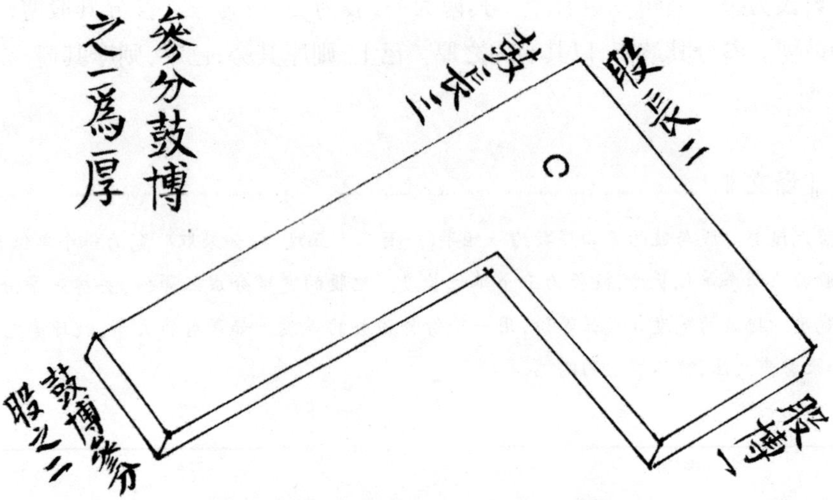

磬之倨句截股與鼓其積正等令股廣四寸半股內六寸厚一寸計方積二十七寸鼓廣三寸鼓內九寸計方積亦二十七寸故輕重均也

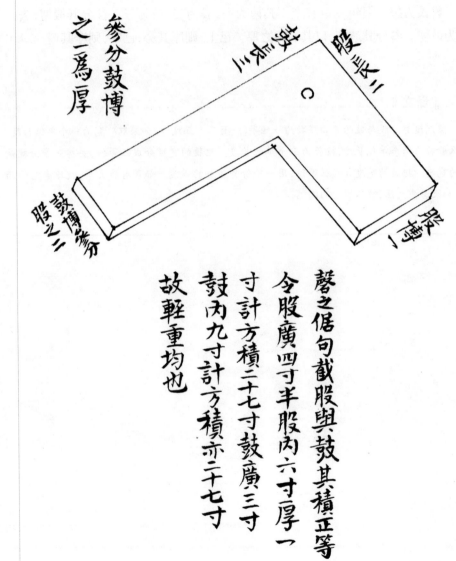

磬

倨句一
矩有半

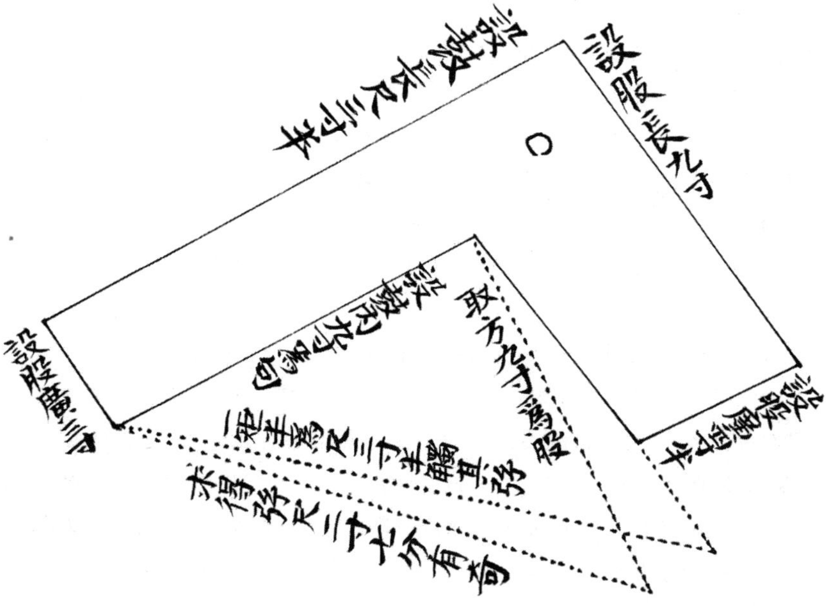
設鼓長尺三寸半
設股長九寸
設股廣三寸
設鼓內九寸為句
取方九寸為股
一矩半為尺三寸半為其弦
求得弦尺三寸七分有奇
設股廣四寸半

十六　矢人

原文

矢人为矢。𫓧矢，参分；茀矢，参分，一在前，二在后。兵矢、田矢，五分，二在前，三在后。杀矢，七分，三在前，四在后。参分其长，而杀其一。五分其长，而羽其一，以其笴厚为之羽深。水之，以辨其阴阳，夹其阴阳以设其比，夹其比以设其羽。参分其羽以设其刃，则虽有疾风，亦弗之能惮矣。刃长寸，围寸，铤十之，重三垸。前弱则俯，后弱则翔，中弱则纡，中强则扬。羽丰则迟，羽杀则趮。是故夹而摇之，以视其丰杀之节也；桡之，以视其鸿杀之称也。凡相笴，欲生而抟。同抟，欲重；同重，节欲疏；同疏，欲栗。

‖译文‖

矢人造箭。把𫓧矢、杀矢（原文中误为“茀矢”）的长度分成三等份，箭前部的三分之一与后部的三分之二轻重相等；把兵矢、田矢的长度分成五等份，箭前部的五分之二与后部的五分之三轻重相等；把茀矢（原文中误为“杀矢”）的长度分成七等份，箭前部的七分之三与后部的七分之四轻重相等。把箭杆的长度分成三等份，前部的三分之一自后向前逐渐削细，以便安镞。把箭杆的长度分成五等份，后部的五分之一装设箭羽，羽毛进入箭杆的深度与箭杆的厚度相等。把箭杆浮于水面，辨别其阴面与阳面，夹在阴阳分界处的两边开口子设置箭括，夹在箭括的两边设置箭羽。把箭羽的长度分成三等份，镞刃长度为羽长的三分之一，这样即使有强风，也不会受到影响。镞刃长一寸，其周长一寸，铤的长度是其周长的十倍（即一尺），重三垸。如果箭杆前部柔弱，箭头就会往下栽；如果箭杆后部柔弱，箭头就会向上扬；如果箭杆中部柔弱，箭射出去就会歪歪曲曲；如果箭杆中部强两头弱，箭就会飘飞。如果箭羽过大，箭就会飞行迟缓；如果箭羽过小，箭就会飞行疾速而掉落一旁。所以用手指夹住箭杆摆动运行，用来检验箭羽的大小是否合适；弯曲箭杆，用来检验箭杆的粗细是否匀称。大凡选择箭杆，要选无异色无虫眼而又天生浑圆的；同样天生浑圆的，要选更重的；同样重的，要选木节稀疏的；木节同样稀疏的，要选木质坚实的。

矢

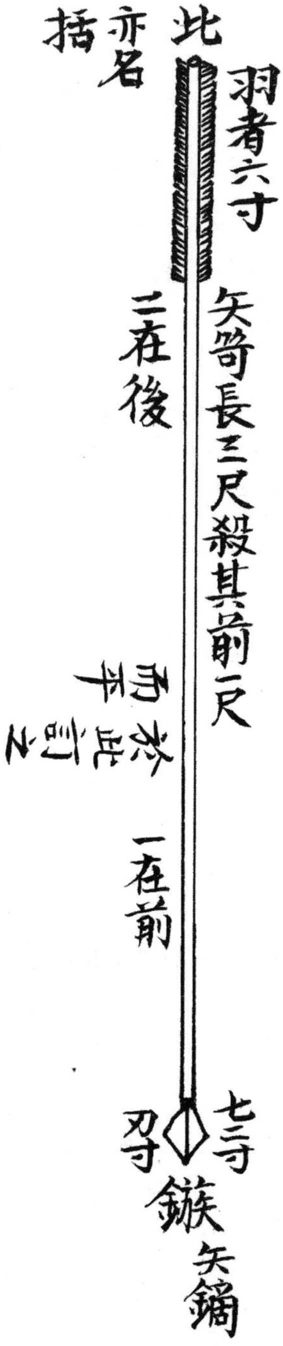

十七　陶人、旊人

原　文

陶人为甗(yǎn)，实二鬴，厚半寸，唇寸；盆，实二鬴，厚半寸，唇寸；甑，实二鬴，厚半寸，唇寸，七穿；鬲，实五觳，厚半寸，唇寸；庾，实二觳，厚半寸，唇寸。

‖译文‖

陶人制造：甗，容积为二鬴，壁厚半寸，口缘厚一寸；盆，容积为二鬴，壁厚半寸，口缘厚一寸；甑，容积为二鬴，壁厚半寸，口缘厚一寸，底部有七个小孔；鬲，容积为五觳，壁厚半寸，口缘厚一寸；庾，容积为二觳，壁厚半寸，口缘厚一寸。

原　文

旊人为簋，实一觳，崇尺，厚半寸，唇寸；豆，实三而成觳，崇尺。

‖译文‖

旊人制造：簋，容积为一觳，高度为一尺，壁厚半寸，口缘厚一寸；豆，三个豆的容量就是一觳，高度为一尺。

原　文

凡陶、旊之事，髻、垦、薜、暴不入市。器中膞(zhuān 制作陶器的旋盘)，豆中县，膞崇四尺，方四寸。

‖译文‖

大凡陶人、旊人所制造的器具，如果有断足、损伤、破裂、突起不平的，就不能进入官市交易。陶器要合乎膞，豆柄要合乎悬绳。膞的高度为四尺，四寸见方。

甗

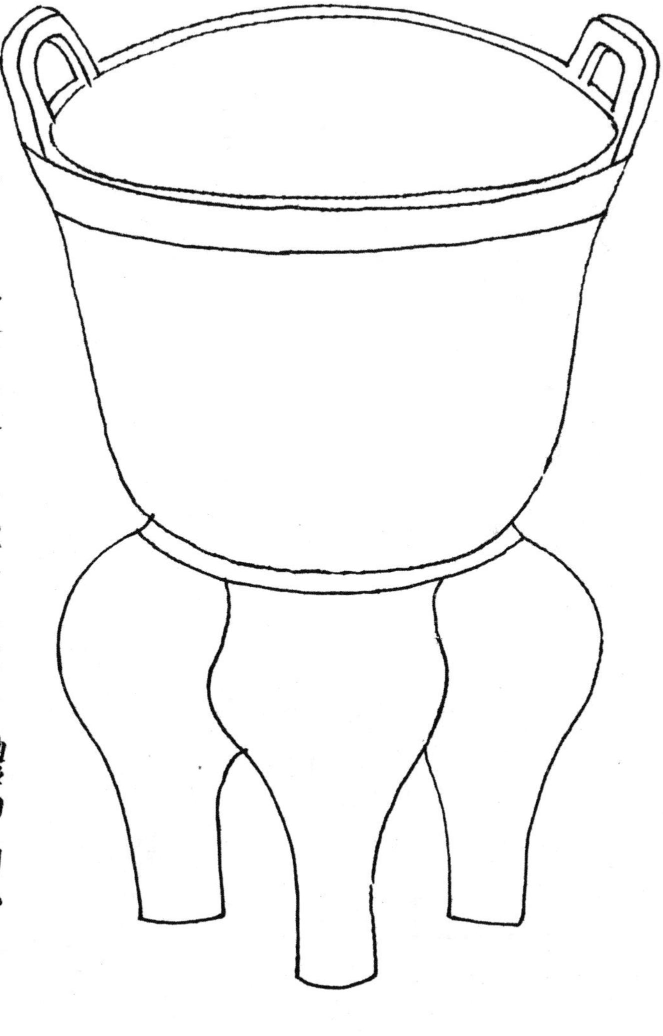

上體如甑無底箅其中容十二斗八升下體如鬲以承水陞氣於上古銅甗有存者大勢類此

盆甑庾不削圖盆甑易知鬲制不一定庾則無考

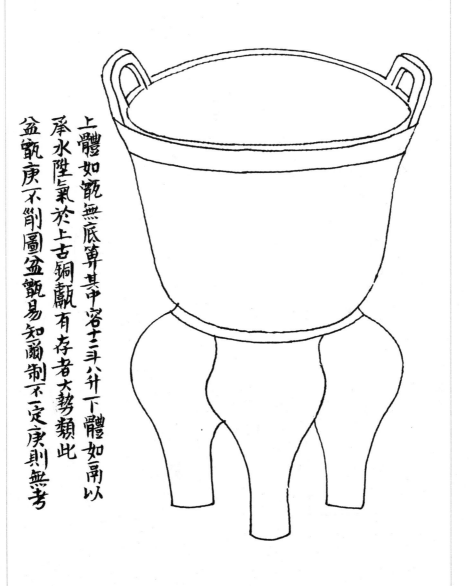

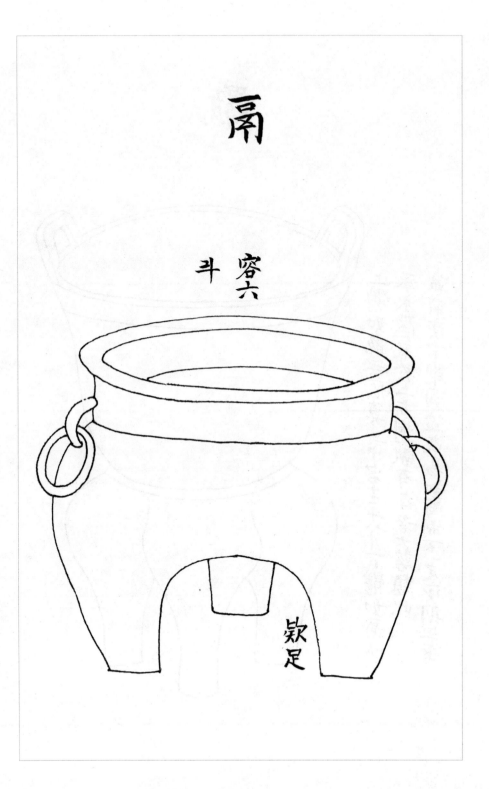

鬲

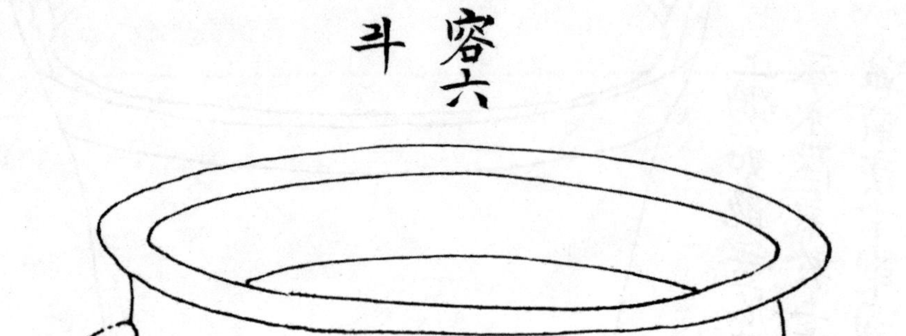

簋

通葢高一尺

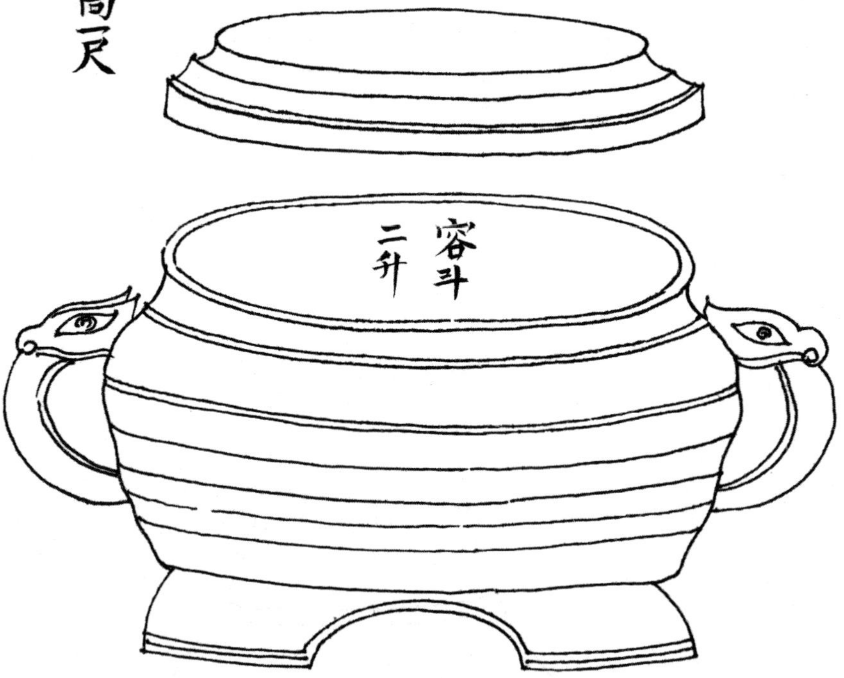

豆

容四升通蓋高一尺

十八　梓人

原文

梓人为筍(sǔn 同“簨”)虡(jù 悬挂乐器的架子。中央横牵者为簨,两侧直立者为虡)。天下之大兽五:脂者、膏者、裸者、羽者、鳞者。宗庙之事,脂者、膏者以为牲,裸者、羽者、鳞者以为筍虡。外骨,内骨,却行,仄行,连行,纡行,以脰鸣者,以注(通“咮”)鸣者,以旁鸣者,以翼鸣者,以股鸣者,以胸鸣者,谓之小虫之属,以为雕琢。厚唇,弇口,出目,短耳,大胸,燿后,大体,短脰,若是者谓之裸属。恒有力而不能走,其声大而宏。有力而不能走,则于任重宜;大声而宏,则于钟宜。若是者以为钟虡,是故击其所县,而由其虡鸣。锐喙,决吻,数目,顧脰,小体,骞腹,若是者谓之羽属。恒无力而轻,其声清阳而远闻。无力而轻,则于任轻宜;其声清阳而远闻,则于磬宜。若是者以为磬虡,故击其所县,而由其虡鸣。小首而长,抟身而鸿,若是者谓之鳞属,以为筍。凡攫閷(同“杀”)援簭之类,必深其爪,出其目,作其鳞之而。深其爪,出其目,作其鳞之而,则于视必拨尔而怒。苟拨尔而怒,则于任重宜,且其匪色,必似鸣矣。爪不深,目不出,鳞之而不作,则必颓尔如委矣。苟颓尔如委,则加任焉,则必如将废措,其匪色必似不鸣矣。

‖译文‖

梓人制造簨虡。天下的大兽有五类:脂类、膏类、裸类、羽类、鳞类。宗庙祭祀,把脂类、膏类作为牺牲。把裸类、羽类、鳞类作为簨虡上的装饰。骨在体表的,骨在体内的,可以倒退走的,侧身走的,连贯走的,屈曲走的,用脖子发声的,用嘴巴发声的,用腹侧发声的,用翅膀发声的,用腿部发声的,用胸部发声的,这些都叫做小虫之类,用来作为雕琢装饰的造型。嘴唇厚实,口狭而深,眼珠突出,耳朵短小,胸部宽阔,后身渐小,身体大,脖子短,像这样形状的称为裸类。它们总是显得威武有力而不能跑,发出的声音大而宏亮。威武有力而不能跑,就适宜于负重;声音而宏亮,就同钟相宜。像这类动物用作钟虡的装饰,因此敲击悬钟时,好像声音是从钟虡里发出来似的。嘴巴尖锐,嘴唇张开,眼睛细小,脖子长,身体小,腹部不发达,像这样形状的称为羽类。它们总是显得无力而轻捷,发出的声音清阳而远播。无力而轻捷,就适宜于较轻的负载,声音清阳而远播,就同磬相宜。像这类动物用作磬虡的装饰,因此敲击悬磬时,好像声音是从磬虡里发出来似的。头小而长,体圆而肥大,像这样形状的称为鳞类,把它们用作筍上的装饰。大凡善于捕杀抓咬的兽类,一定要深藏其爪,突出其眼,振起其鳞片与颊毛，那么看上去就一定像勃然大怒的样子。如果能够勃然大怒，就适宜于负重，而且从它所涂饰的色彩来看，也一定像是能够鸣叫的样子。脚爪不深藏，眼睛不突出，鳞片与颊毛不振起，就一定会显得萎靡不振。如果看起来萎靡不振，却加以重任，就一定如同将要把重物丢掉一样，它的色彩也一定不像是鸣叫的样子。

原 文

梓人为饮器：勺一升，爵一升，觯（zhì）三升。献以爵而酬以觯。一献而三酬，则一豆矣。食一豆肉，饮一豆酒，中人之食也。凡试梓饮器，乡衡而实不尽，梓师罪之。

‖译文‖

梓人制造饮器：勺的容量是一升，爵的容量是一升，觯的容量是三升。向宾客献酒用爵，酬酒用觯，献酒一升而酬酒三升，加起来就是一豆。吃一豆肉，饮一豆酒，这是普通人的食量。大凡检验梓人所制的饮器，如果举爵饮酒，两柱向眉，而爵中还有余酒未尽，那么，梓师就要处罚制作此爵的梓人。

原 文

梓人为侯，广与崇方。参分其广，而鹄居一焉。上两个，与其身三；下两个，半之。上纲与下纲出舌寻，縜（yún 舌两端系绳的纽襻）寸焉。张皮侯而栖鹄，则春以功。张五采之侯，则远国属。张兽侯，则王以息燕。祭侯之礼，以酒、脯（干肉）、醢（肉酱）。其辞曰："唯若宁侯，毋或若女不宁侯，不属于王所，故抗而射女。强饮强食，诒女曾孙诸侯百福。"

‖译文‖

梓人制造射侯。侯中的宽与高相等成正方形，把侯中的宽度分成三等份，鹄的宽度为侯中宽度的三分之一。上面两侧所张之臂，与侯身等宽，总宽是侯身的三倍。下面两侧之足，宽度是上臂的一半。两侧的上纲与下纲各比臂长出八尺，縜的直径是一寸。陈设皮侯，在它的中央缀鹄，在春天比较诸侯群臣的射功。陈设五采侯，王与远方诸侯朝会时所用。陈设兽侯，王与诸侯、群臣宴饮时所用。祭祀射侯的礼仪，用酒、脯、醢。祭辞说："你们这些安顺的诸侯，不要像那些不安顺的诸侯，不到本王这里来朝会，因此张开射侯用箭射他们。安顺的诸侯，饮食丰足，遗福给你们的子孙，世世代代永为诸侯。"

勺

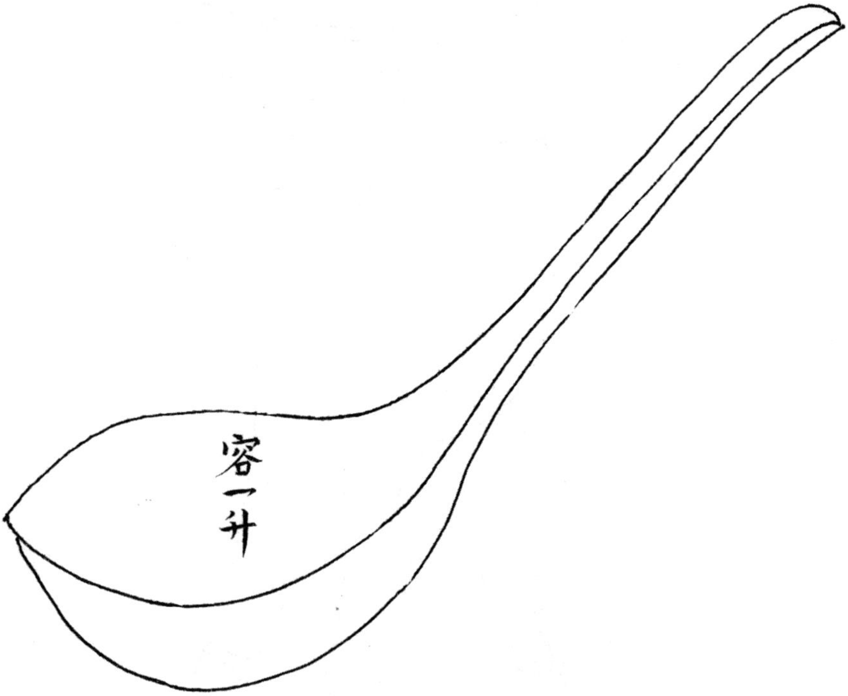

爵

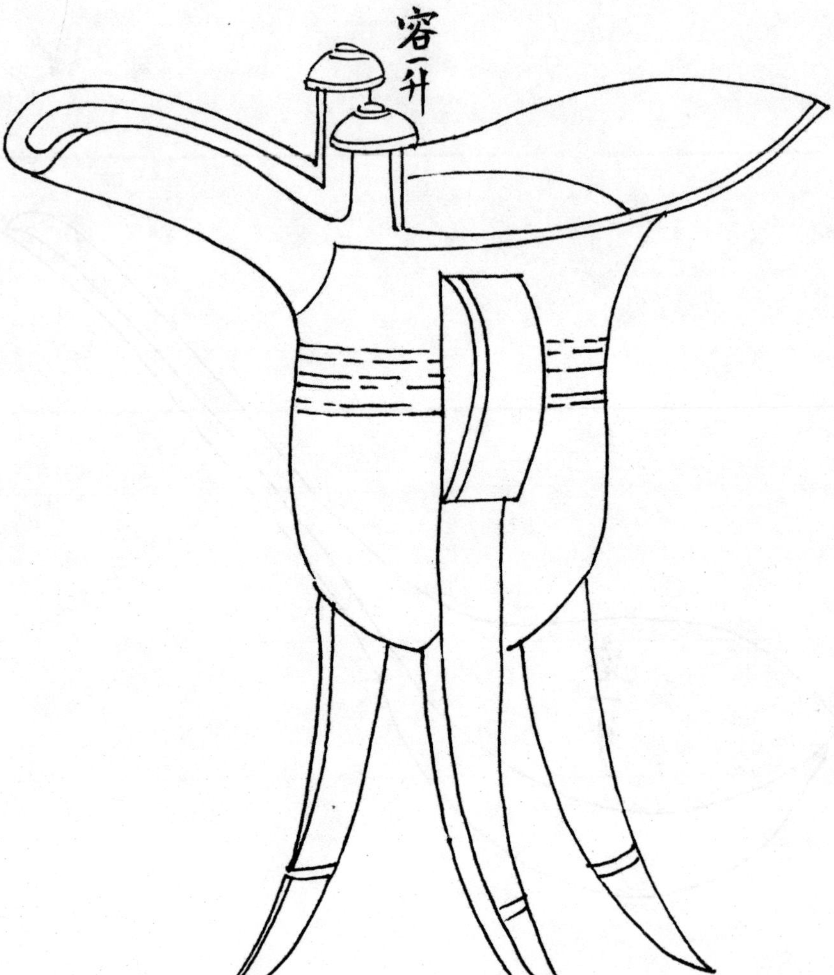

侯

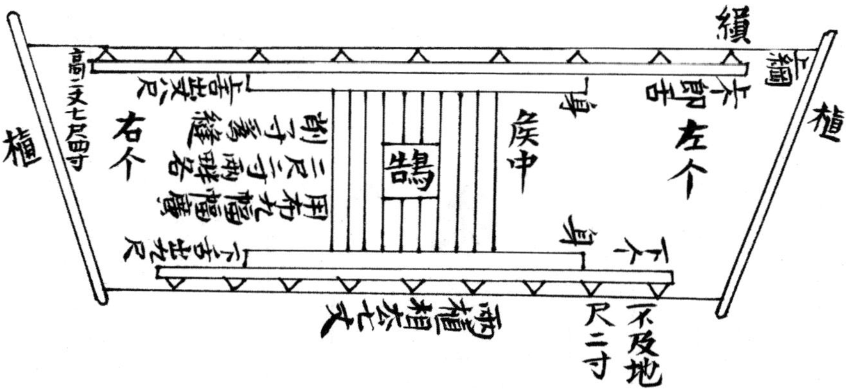
縜
上綱
上个即舌
植
左个
侯中
躬
鵠
用布九幅幅廣二尺二寸兩邊各削一寸為縫
上舌出躬丈八尺
右个
高一丈七尺四寸
植
下个
躬
下舌出躬九尺
兩植相去七丈
不及地尺二寸

正

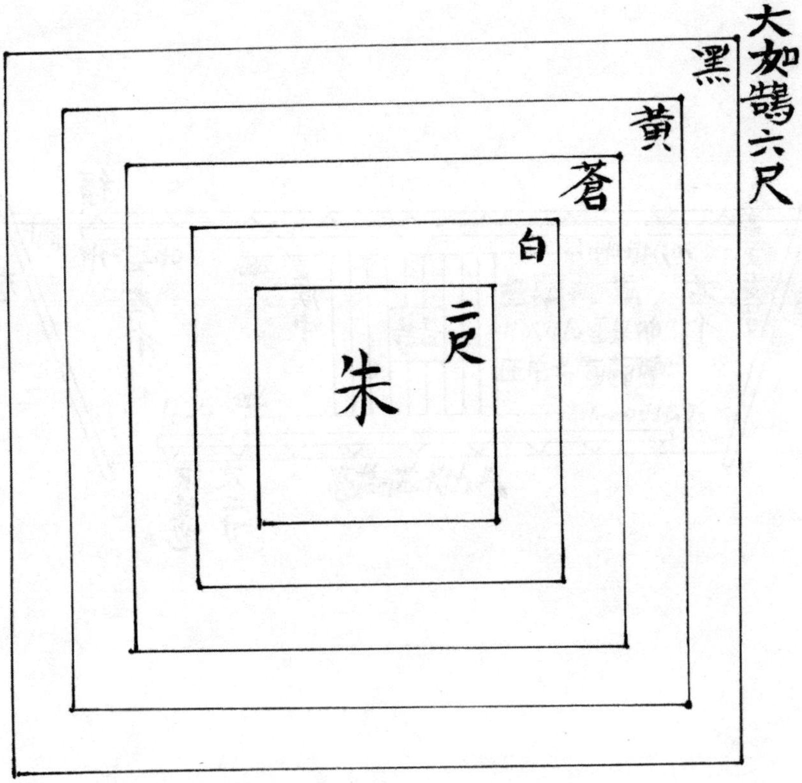

十九　庐人

原文

庐人为庐器。戈柲六尺有六寸，殳长寻有四尺，车戟常，酋矛常有四尺，夷矛三寻。凡兵无过三其身，过三其身，弗能用也而无已，又以害人。故攻国之兵欲短，守国之兵欲长。攻国之人众，行地远，食饮饥，且涉山林之阻，是故兵欲短；守国之人寡，食饮饱，行地不远，且不涉山林之阻，是故兵欲长。凡兵，句兵欲无弹，刺兵欲无蜎。是故句兵椑，刺兵抟。击兵同强，举围欲细，细则校；刺兵同强，举围欲重，重欲傅人，傅人则密，是故侵之。凡为殳，五分其长，以其一为之被，而围之；参分其围，去一以为晋（即镈 zūn，殳下端圆锥形的金属套，可插入地中）围。五分其晋围，去一以为首（殳的上端，即殳用来击敌的一端）围。凡为酋矛，参分其长，二在前，一在后，而围之。五分其围，去一以为晋围。参分其晋围，去一以为刺（锋刃）围。凡试庐事，置而摇之，以视其蜎也；灸诸墙，以视其桡之均也；横而摇之，以视其劲也。六建既备，车不反覆，谓之国工。

‖译文‖

庐人制造庐器。戈柄长六尺六寸，殳长一寻四尺，车戟长一常，酋矛长一常四尺，夷矛长三寻。所有的兵器长度都不超过身高的三倍，超过身高的三倍，不仅不能使用，还会危害使用兵器的人。因此，进攻的一方，兵器要短；防守的一方，兵器要长。攻方的人员多，行军距离远，饮食缺乏，而且要跋涉山林险阻，所以兵器要短。守方的人员少，饮食充足，行军距离不远，而且不需跋涉山林险阻，所以兵器要长。凡兵器，用来钩击的兵器要不易转动，用来刺杀的兵器要不易弯折，因此，用来钩击的兵器，柄的截面是椭圆形的；用来刺杀的兵器，柄的截面是圆形的。用来击杀的兵器，柄的各部分要同样坚劲刚强，但手握之处要细；若手握之处细，就握得牢固。用来刺杀的兵器，柄的各部分要同样坚劲刚强，但手握之处要稍粗而重；若手握之处稍粗而重，就能迫近敌人，迫近敌人就可以准确命中敌人，因而能够重创敌人。大凡造殳，把殳的长度分成五等份，用一等份的长度作为手握之处的长度，截面为圆形；把手握之处的周长分成三等份，去掉一等份就是晋的周长。把晋的周长五等份，去掉一等份就是首的周长。大凡制造酋矛，把酋矛的长度分成三等份，二等份在前，一等份在后，截面为圆形。把酋矛的周长分成五等份，去掉一等份就是晋的周长。把晋的周长三等份，去掉一等份就是刺的周长。大凡检验长兵器柄的质量，把柄树立在地上，摇动它，看它是否弯折；撑在两墙之间，看弯折是否均匀；横握中部摇动，看它是否强劲有力。五种兵器与旌旗都安插在车上，车行时不觉得忽高忽低，可以称为国家一流的工匠。

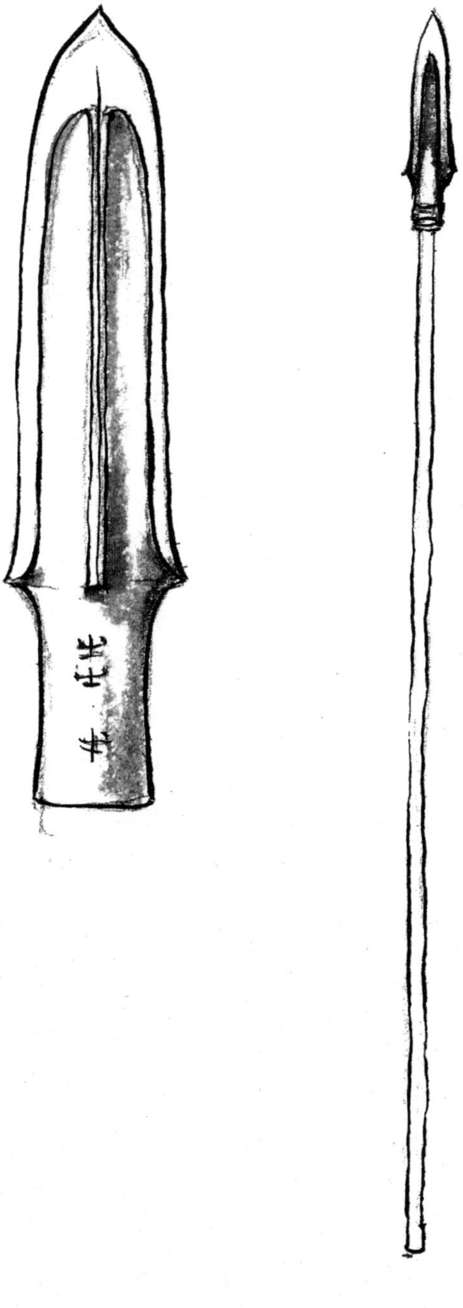

夷矛

二十 匠人

原文

匠人建国。水地以县，置槷(niè，古代立在地上测量日影的木柱)以县，视以景。为规，识日出之景与日入之景，昼参诸日中之景，夜考之极星，以正朝夕。

‖译文‖

匠人建造都城。先用悬绳与水来测量地势的高低，在地上立杆，用悬绳来校正立直，观察日影，画圆，分别标记日出与日落时的杆影。白天参考日中时的杆影，夜里参考北极星的方位，用来确定东西南北的方向。

原文

匠人营国，方九里，旁三门。国中九经九纬，经涂九轨。左祖，右社，面朝，后市。市朝一夫。夏后氏世室，堂修二七，广四修一。五室，三四步，四三尺。九阶。四旁、两夹，窗，白盛。门，堂三之二，室三之一。殷人重屋，堂修七寻，堂崇三尺，四阿重屋。周人明堂，度九尺之筵，东西九筵，南北七筵，堂崇一筵。五室，凡室二筵。室中度以几，堂上度以筵，宫中度以寻，野度以步，涂度以轨。

‖译文‖

匠人营建都城。都城九里见方，每一面开设三个城门。都城中有三条南北干道与三条东西干道，经纬涂道的宽度等于九轨。王宫的布局，左面是祖庙，右面是社庙，前面是朝廷，后面是市场，市场与朝廷各占地一百步见方。夏朝的宗庙世室，正堂的南北进深为两个七步，堂宽是进深的四倍。堂上有五个室，每个室四步见方，横着看是三个四步。每个室四面有墙，每面墙厚三尺。台阶共九座。四个“旁”室、两个“夹”室也均有窗户，用白灰粉刷墙壁，装饰宫室。设门，门堂的进深占正堂的三分之二，室的进深占正堂的三分之一。殷人的王宫重屋，正堂南北进深七寻，堂基高三尺，堂上有四住屋，四住屋上有重屋。周人的明堂，用长九尺的筵作为度量单位，东西宽九筵，南北进深七筵，堂基高一筵。堂中有五室，每室长宽各二筵。室内用几作为度量单位，堂上用筵作为度量单位，宫中用寻作为度量单位，野地用步作为度量单位，道路用轨作为度量单位。

原文

庙门（宗庙的大门）容大扃（抬鼎的杠）七个，闱门（庙中旁出的小门）容小扃参个，路门（古代宫室最里层的正门）不容乘车之五个，应门（古代王宫的正门）二彻参个。内有九室，九嫔居之。外有九室，九卿朝焉。九分其国，以为九分，九卿治之。王宫门阿（门屋屋脊）之制五雉，宫隅（宫城宫墙四角处的小楼）之制七雉，城隅（王城城墙四角处的小楼）之制九雉，经涂九轨，环涂七轨，野涂五轨。门阿之制，以为都城之制。宫隅之制，以为诸侯之城制。环涂以为诸侯经涂，野涂以为都经涂。

‖ 译文 ‖

庙门的宽度可容七个大扃，闱门的宽度可容三个小扃，路门的宽度稍窄于五辆乘车并行的宽度，应门的宽度相当于三辆车并行。路门之内有九室，九嫔居住在那里。路门之外有九室，九卿在那里处理政事。宫城占王城的九分之一，把国中的职事分为九种，分别由九卿治理。王宫门阿的规制是高五雉，宫隅的规制是高七雉，城隅的规制是高九雉。干道可容九辆车并行，环城大道可容七辆车并行，野地大道可容五辆车并行。把门阿的规制作为诸侯城的城隅规制，把宫隅的规制作为王子弟、卿大夫采邑城的城隅规制。把王都环城大道的规制作为诸侯的干道，把王都野地大道的规制作为王子弟、卿大夫采邑城的干道。

原文

匠人为沟洫。耜广五寸，二耜为耦，一耦之伐，广尺、深尺谓之𤰝（同“畎”）。田首倍之，广二尺，深二尺，谓之遂。九夫为井，井间广四尺，深四尺，谓之沟。方十里为成，成间广八尺，深八尺，谓之洫。方百里为同，同间广二寻，深二仞，谓之浍。专达于川，各载其名。凡天下之地埶，两山之间必有川焉；大川之上必有涂焉。凡沟逆地防，谓之不行（水不能畅流）；水属不理孙，谓之不行。梢沟三十里而广倍。凡行奠水，磬折以参伍。欲为渊，则句于矩。凡沟必因水埶，防必因地埶。善沟者，水漱之；善防者，水淫之。

‖ 译文 ‖

匠人修筑沟渠。耜头宽五寸，二耜相并为耦。用耦挖掘水沟，宽一尺，深一尺，叫做𤰝。田头的水沟加倍，宽二尺，深二尺，叫做遂。井是九夫共耕的田地，井与井之间的水沟，宽四尺，深四尺，叫做沟。成是十里见方的田地，成与成之间的水沟，宽八尺，深八尺，叫做洫。同是百里见方的田地，同与同之间的水沟，宽二寻，深二仞，叫做浍。浍直达河流，这里是记载各种沟渠的名称。大凡天下的地势，两山之间一定有河流；大河流的岸上一定有道路。如果挖掘沟渠违背了地势脉理，就叫做不行；水流注不顺，也叫做不行。梢形的排水沟，每隔三十里，下游宽度比上游增加一倍。大凡疏导停积的水，泄水建筑物截面的顶角取磬折形，角的两边之比为三比五。要使水汇流成渊，沟渠的弯曲度就要大于直角。凡修筑沟渠一定要顺着水的流势，修筑堤坝一定要顺着地势。善于开挖水沟的人，会利用水的流势冲刷杂物而保持通畅；善于修筑堤坝的人，会利用水中沉积的淤泥增加堤坝的厚度。

原文

凡为防，广与崇方，其閷参分去一。大防外閷。凡沟防，必一日先深之以为式，里为式，然后可以傅众力。凡任，索约，大汲其版，谓之无任。葺屋三分，瓦屋四分。囷、窌、仓、城，逆墙六分，堂涂十有二分。窦，其崇三尺。墙厚三尺，崇三之。

‖译文‖

凡修筑堤坝，下基的宽度与堤坝的高度相等，上顶宽度比下基宽度渐减三分之一。较高大的堤坝下基要加厚，坡度要平缓。凡修筑沟渠堤坝，一定要先用匠人一天修筑的进度作为标准，又用完成一里工程所需的匠人及日数来估算整个工程所需的人工，然后才可以调配人力，实施工程计划。凡用绳索绑扎筑版，如果绑扎过紧或受力不匀，致使模型板变形或受损，就不能胜任支撑承压的功能。茅屋的屋顶高度是进深的三分之一，瓦屋的屋顶高度是进深的四分之一。圆仓、地窖、方仓和城墙，它们的墙上端的厚度渐减为墙高的六分之一。堂下阶前的引路，路中央高出路边的高度是两旁宽度的十二分之一。宫中的水道深三尺。宫墙厚三尺，高度为墙厚的三倍。

爲規識景

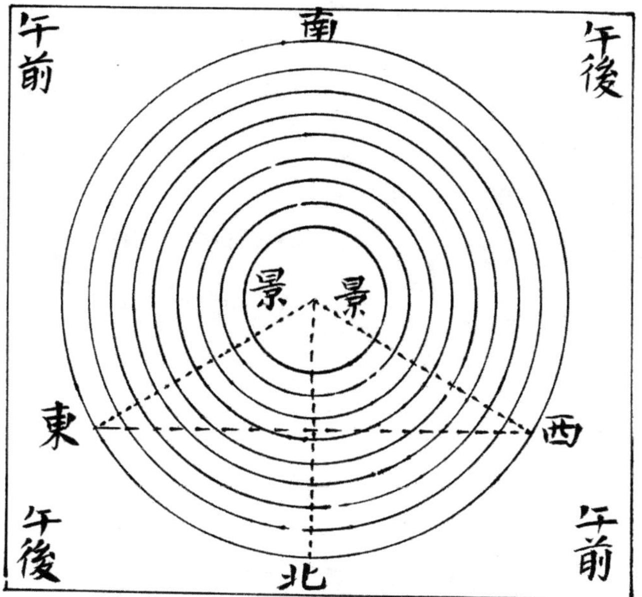

以水平地方一二丈規之於中央立槷或用小方案令平中水爲規其上中央設表當槷凡景端所至皆識之此但據景端與外規齊者爲圖內數重規亦然所得南北東西如一乃審密也

爲規識景

此圖得之江先生

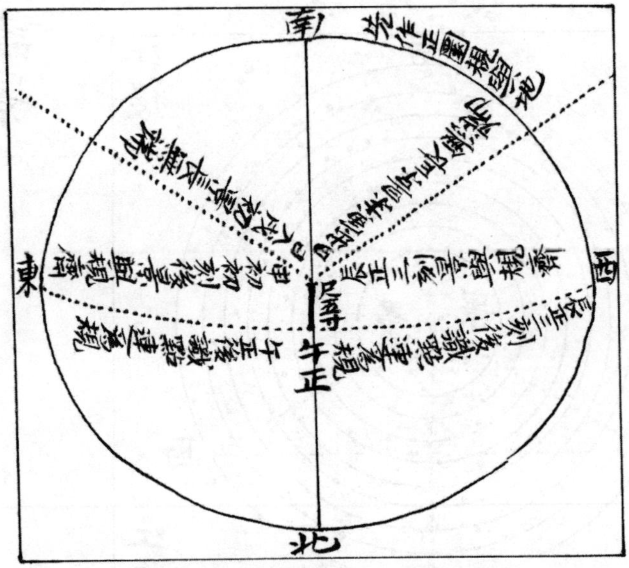

此但據夏至地中爲圖規任作大小如以表八尺爲半徑必辰正三刻申初初刻景與規齊其齊時亦是正東正西也若他方測景時刻方位不同而灋準此最短時爲午正

先爲規而後識景記文也先識景徐徐作點後及連爲規鄭說也兩灋圖皆具

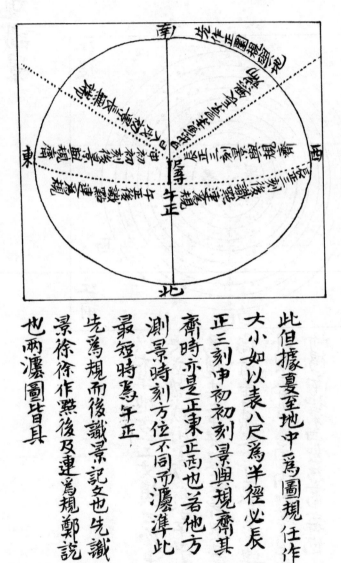

測北極高下

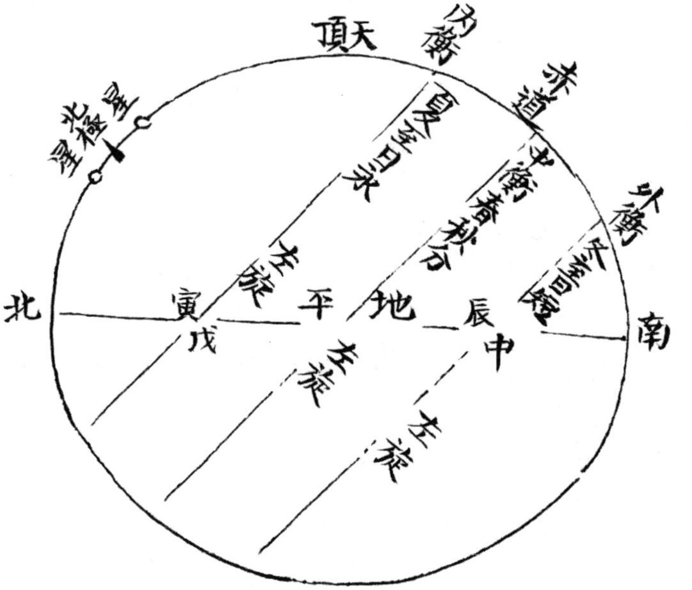

北極高下隨地不同南行繩直二百五十里而北極低一度北行二百五十里而北極高一度冬至前後日出辰入申星旋天不啻半周可得其最高最低之度以考知北極

晝夜永短亦隨地不同南至赤道下冬夏至恒如春秋分極與地平適合北至極下半年爲晝半年爲夜赤道與地平適合

黃赤道

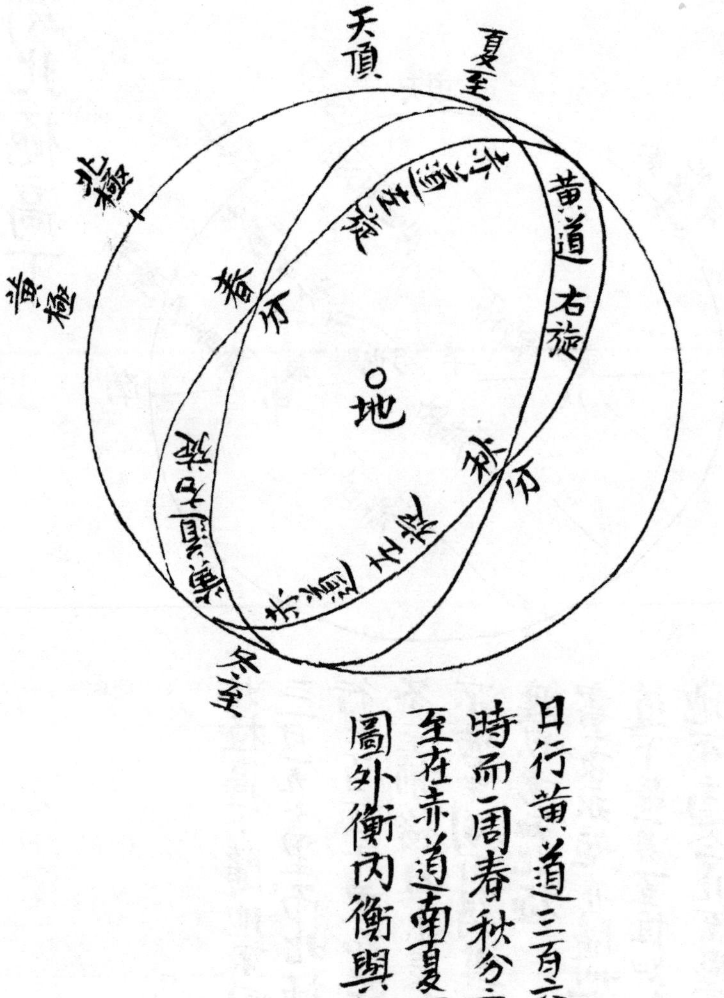

日行黃道三百六十五日幾三時而周春秋分交於赤道冬至在赤道南夏至在赤道北前圖外衡內衡與此互明

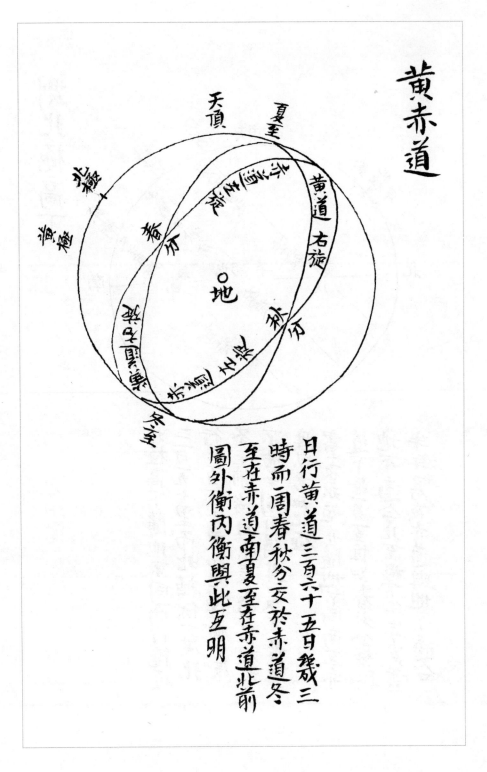

王城

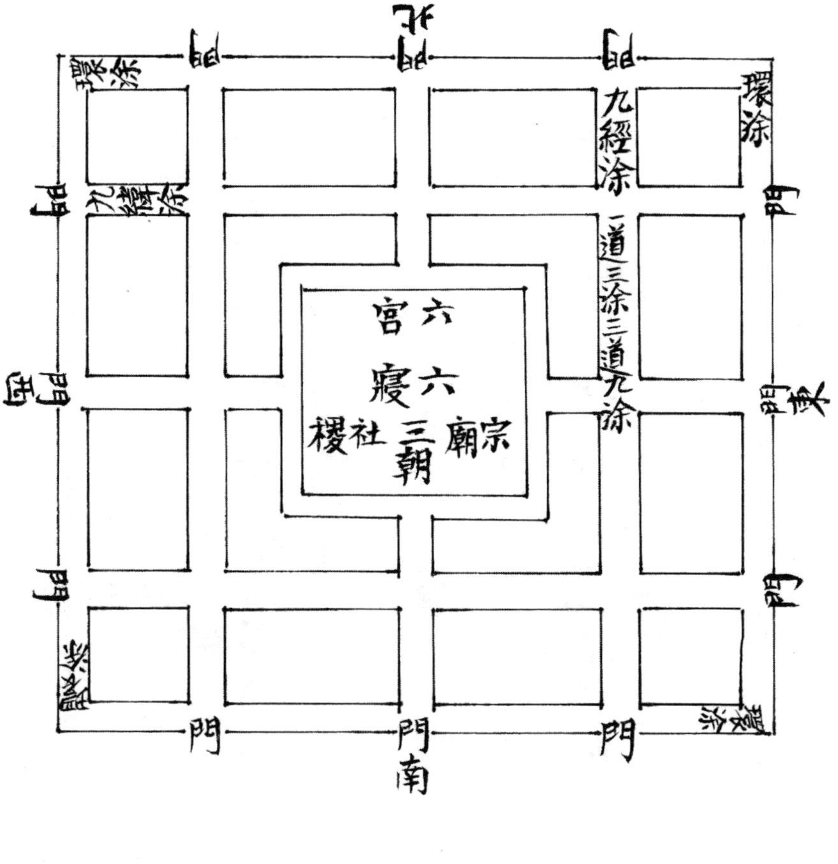

世室

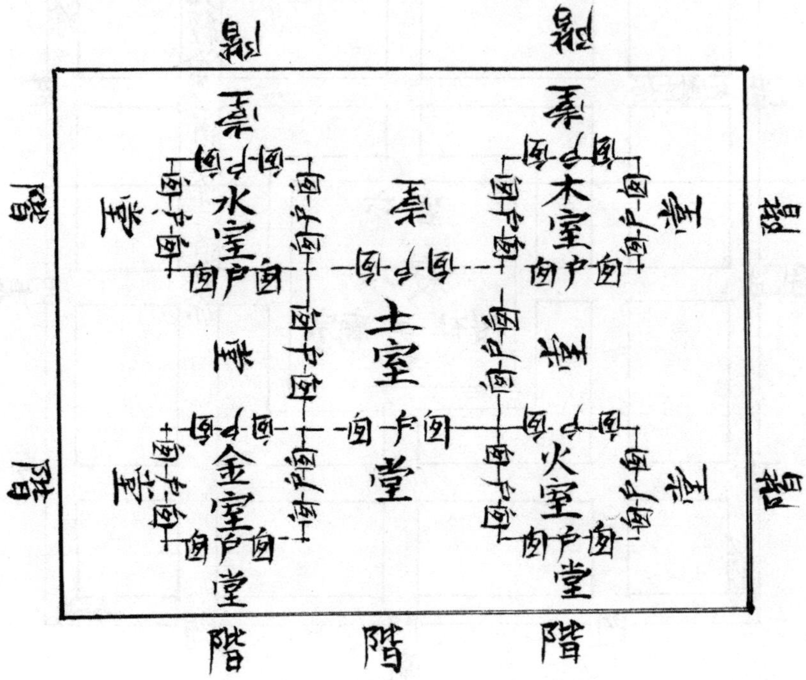

明堂

二十户四十个九阶与世室同

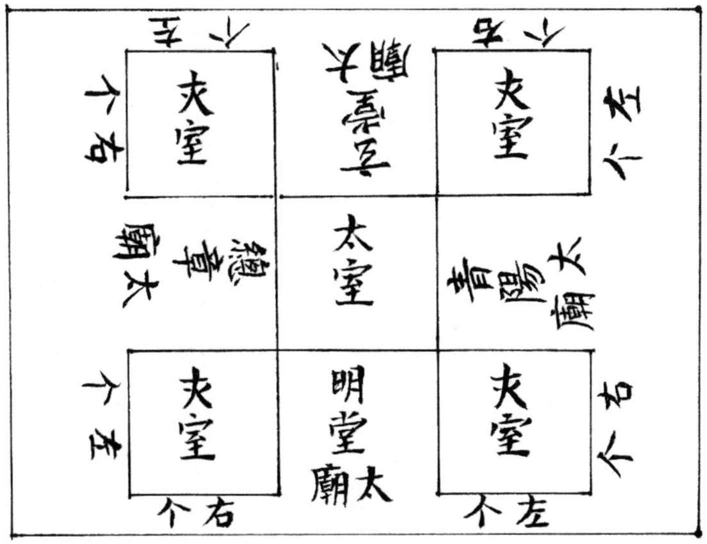

宗廟於顧命見天子路寢之制於覲禮見天子宗廟之制降而諸侯下及大夫士廣狹有等差而制則一

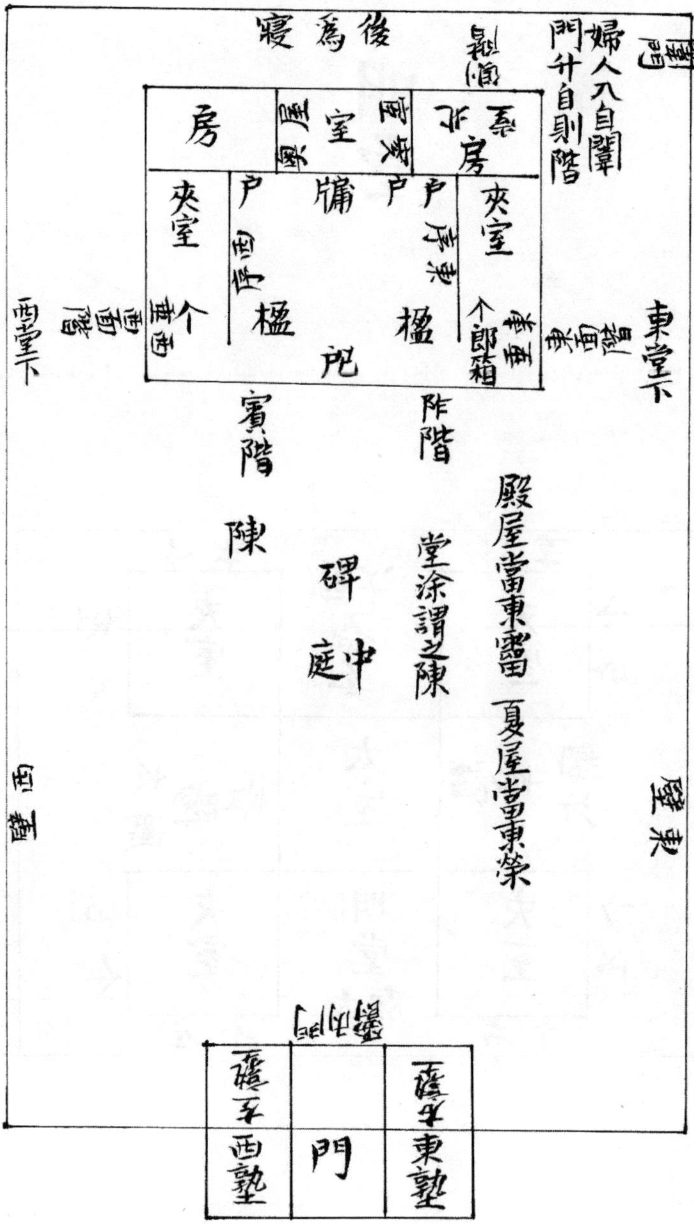

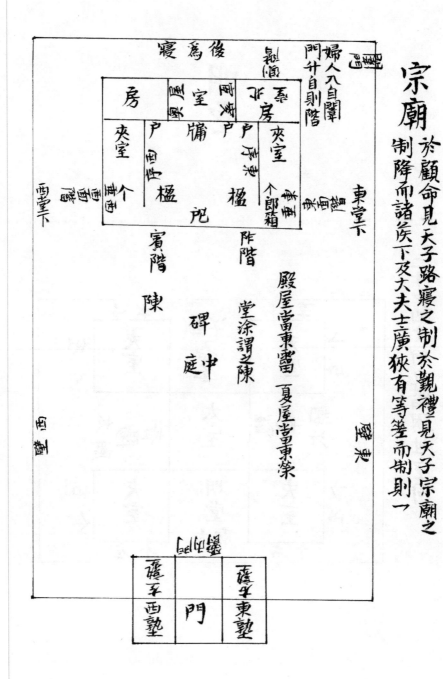

耜

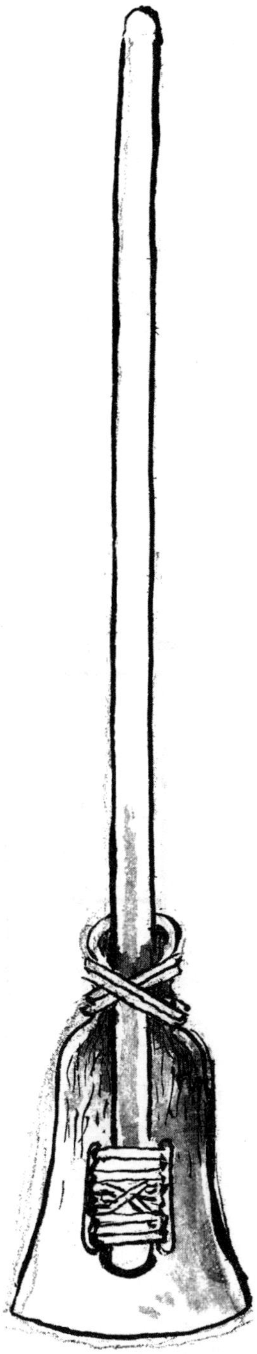

四井

每方一格為一夫

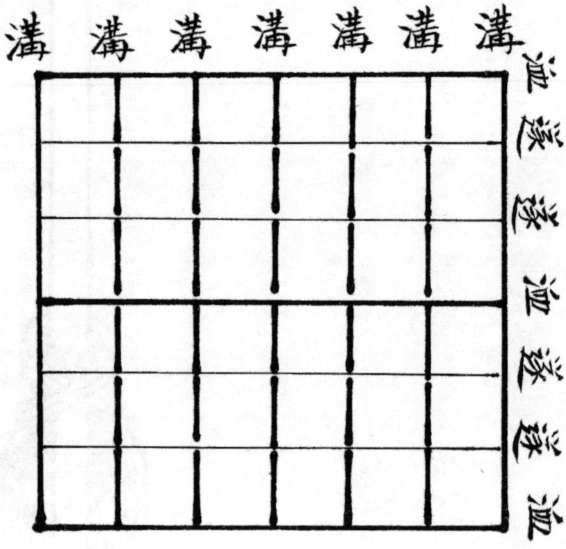

皆以南畝圖之溝洫澮川必因水埶委折非截然正方施之於圖欲整齊爾井田之灋備於一同或百里內有數川亦因乎自然或遠於川引澮長之其舒促不可一定也書言其常用隨其變

成

每方一格為井

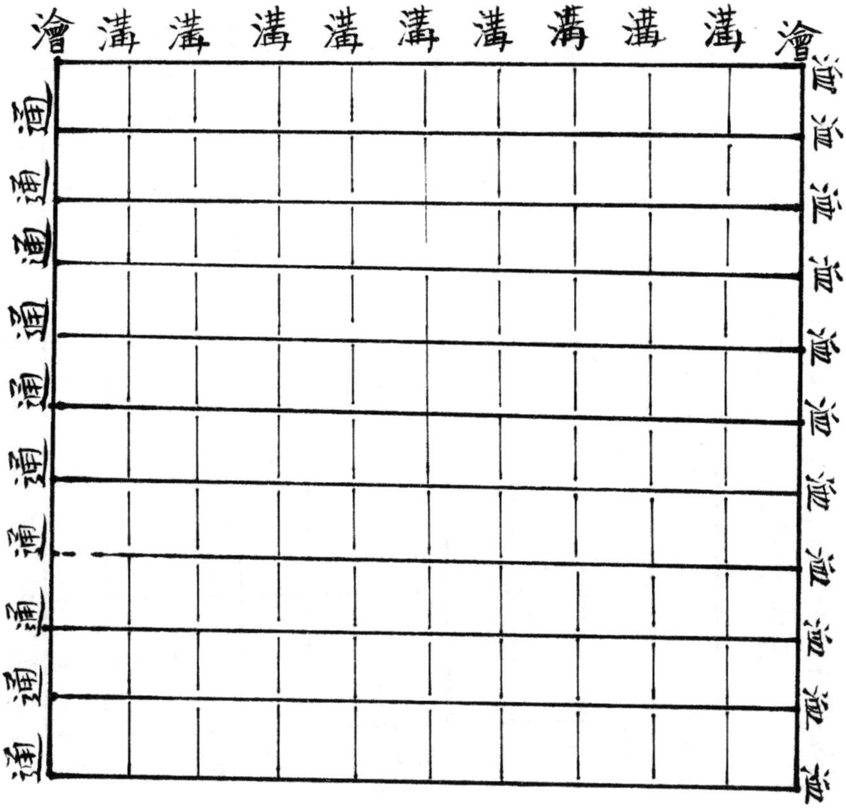

一同

每方一格為一成

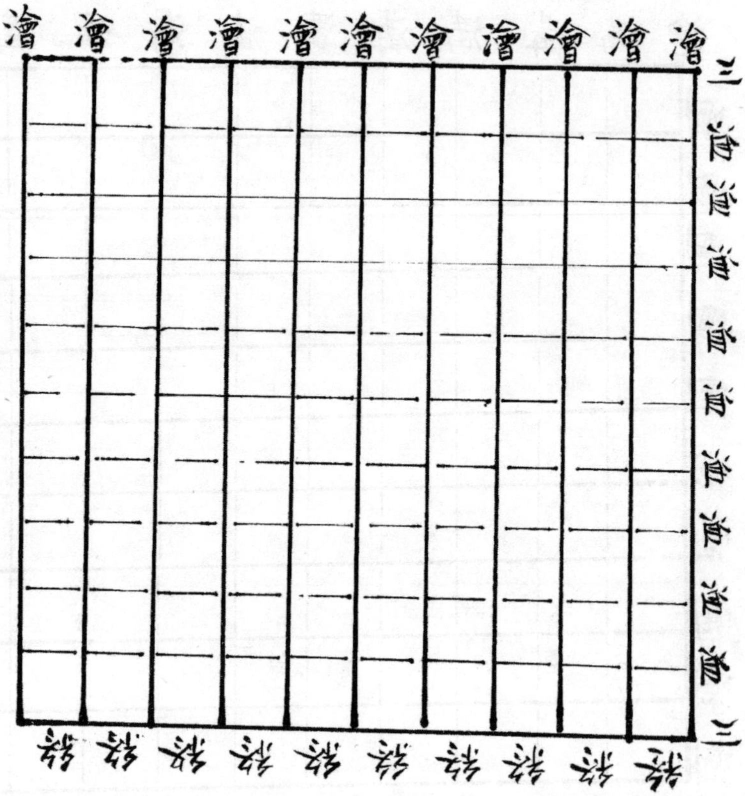

鄭注成之內一甸出田稅一同之內四都出田稅故緣邊治澮洫計其數然爾不必定居緣邊

二一　车人

原文

车人之事。半矩谓之宣，一宣有半谓之欘(zhú)，一欘有半谓之柯，一柯有半谓之磬折。

‖译文‖

车人的工作。直角的一半叫做宣，一宣半的角叫做欘，一欘半叫做柯，一柯半叫做磬折。

原文

车人为耒。庛(cì 耒下端安耜头的一段木)尺有一寸，中直者三尺有三寸，上句者二尺有二寸。自其庛，缘其外，以至于首，以弦其内，六尺有六寸，与步相中也。坚地欲直庛，柔地欲句庛。直庛则利推，句庛则利发。倨句磬折，谓之中地。

‖译文‖

车人造耒。庛长一尺一寸，中间直的一段长三尺三寸，上端弯曲的一段长二尺二寸。从下端的庛，沿着耒木，到达上端的弯头，共长六尺六寸；从庛到弯头的直线距离为六尺，恰好与一步的长度相合。坚硬的土地要用挺直的庛，柔软的土地要用弯曲的庛。直庛的好处是容易推耜入土，曲庛的好处是便于挖掘泥土。如果庛与中间直木的夹角在一磬折左右，那就适宜于各种土地。

原文

车人为车。柯长三尺，博三寸，厚一寸有半。五分其长，以其一为之首。毂长半柯，其围一柯有半。辐长一柯有半，其博三寸，厚三之一。渠三柯者三。行泽者欲短毂，行山者欲长毂；短毂则利，长毂则安。行泽者反輮，行山者仄輮；反輮则易，仄輮则完。六分其轮崇，以其一为之牙围。柏车毂长一柯，其围二柯，其辐一柯，其渠二柯者三。五分其轮崇，以其一为之牙围。大车崇三柯，绠(轮绠)寸，牝服二柯有参分柯之二。羊车二柯有参分柯之一，柏车二柯。凡为辕，三其轮崇。参分其长，二在前，一在后，以凿其钩，彻广八(原文误做“六”)尺，鬲(通

“軏”)长六尺。

‖译文‖

车人制造车子。柯长三尺,宽三寸,厚一寸半。把柯长分成五等份,一等份就是斧刃的长度。车毂长半柯,它的周长是一柯半。辐条长一柯半,宽三寸,厚一寸。轮牙用三条长三柯的木条糅合而成。在沼泽地行驶的车子,要用短毂;在山地行驶的车子,要用长毂。短毂转动利索,长毂行驶安稳。在沼泽地行驶的车子,轮牙要反鞣;在山地行驶的车子,轮牙要侧鞣。反鞣的轮圈比较细腻、光滑,侧鞣的轮圈较为坚韧、耐磨。把轮高分成六等份,用一等份作为轮牙的周长。柏车毂长一柯,车毂的周长是二柯,辐条长一柯,轮牙用三条长二柯的木条糅合而成,把轮的高度分成五等份,用一等份作为轮牙截面的周长。大车轮高三柯,轮绠宽一寸,牝服长二又三分之二柯,羊车牝服长二又三分之一柯,柏车牝服长二柯。大凡制造车辕,辕长是轮高的三倍。把辕长分成三等份,二等份在前,一等份在后,在前后交界处凿衔轴的钩。轨宽八尺,车軏长六尺。

耒

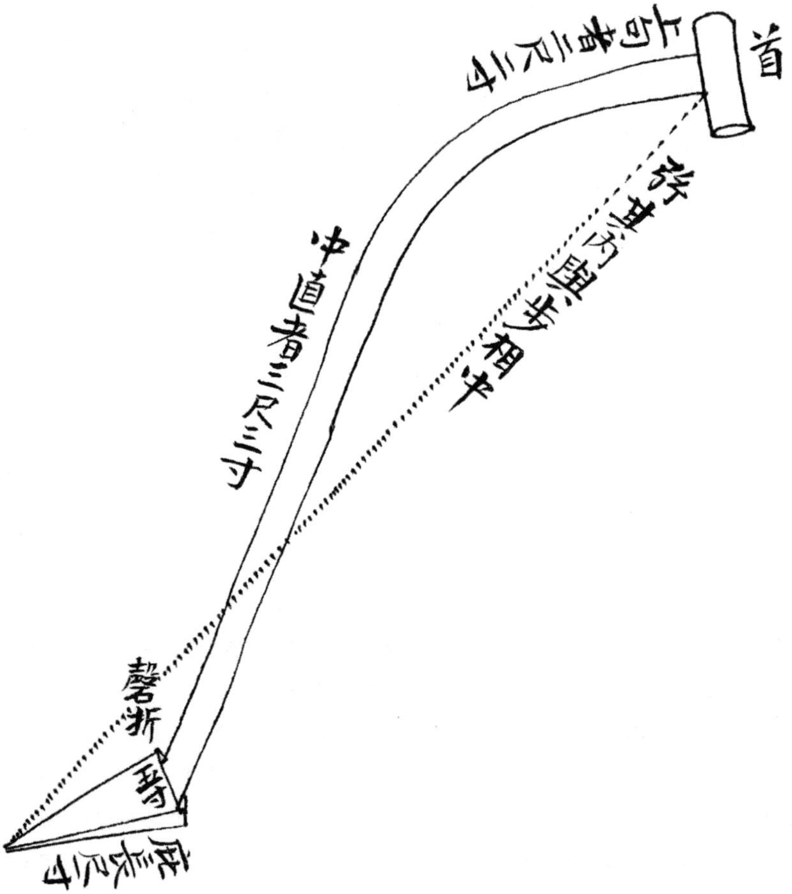

二二　弓人

原文

弓人为弓。取六材必以其时。六材既聚，巧者和之。干也者，以为远也；角也者，以为疾也；筋也者，以为深也；胶也者，以为和也；丝也者，以为固也；漆也者，以为受霜露也。凡取干之道七：柘为上，檍次之，檿(yǎn)桑次之，橘次之，木瓜次之，荆次之，竹为下。凡相干，欲赤黑而阳声：赤黑则乡心，阳声则远根。凡析干，射远者用埶，射深者用直。居干之道，菑栗不迆，则弓不发。凡相角，秋𣪠者厚，春𣪠者薄，稚牛之角直而泽，老牛之角紾而昔；疢疾险中，瘠牛之角无泽。角欲青白而丰末。夫角之本，蹙于𠜾(同"脑")而休(通"煦")于气，是故柔。柔故欲其埶也，白也者，埶之征也。夫角之中，恒当弓之畏，畏也者必桡。桡故欲其坚也，青也者，坚之征也。夫角之末，远于𠜾而不休于气，是故脆。脆故欲其柔也，丰末也者，柔之征也。角长二尺有五寸，三色不失理，谓之牛戴牛。凡相胶，欲朱色而昔，昔也者，深瑕而泽，紾而抟廉。鹿胶青白，马胶赤白，牛胶火赤，鼠胶黑，鱼胶饵，犀胶黄。凡昵之类不能方。凡相筋，欲小简而长，大结而泽。小简而长，大结而泽，则其为兽必剽，以为弓，则岂异于其兽？筋欲敝之敝，漆欲测，丝欲沈。得此六材之全，然后可以为良。

‖译文‖

弓人造弓。一定要按照季节选择六种原材料。六种原材料都具备之后，巧匠们对它们进行加工组合。弓干，用来使箭射得远；角，用来使箭行进快速；筋，用来使箭射得深；胶，用来使弓身结合紧密；丝，用来使弓身坚固；漆，用来使弓身能经受霜露。大凡选取弓干材料的来源有七个，最好用柘木，其次用檍木，其次用檿桑，其次用橘木，其次用木瓜，其次用荆木，竹是最差的材料。大凡选择弓干材料，要颜色赤黑而敲击时声音清扬：颜色赤黑的一定接近树心，发声清扬的一定远离树根。大凡剖析弓干，用来射远的，要反向利用木的曲势；用来射深的，要用直材。处理干材的方法：剖析干材不邪行损伤木理，发弓时就不至于弯曲。大凡选择角，秋天宰杀的牛角厚实，春天宰杀的牛角单薄；幼牛的角直而润泽，老牛的角曲而干燥；久病的牛角凹凸不平。瘦瘠的牛角没有光泽。角的颜色要青白，角尖要丰满。角的根部离脑近，因为受到脑气的浸润，所以比较柔软。因为柔软所以具有自然弯曲之势。颜色发白，就是具有弯曲之势的征验。角的中段常附在弓隈，而弓隈一定是弯曲的。因为弯曲，所以要坚韧。颜色发青,就是坚韧的征验。角的尖端离脑远,因为没有受到脑气的浸润,所以比较脆。因为脆,所以要柔韧。角尖丰满,就是柔韧的征验。角长二尺五寸,根部色白,中段色青,尖端丰满,符合这样的标准,可以说牛头上长着一对价值与整条牛相等的牛角。大凡选择胶,要颜色朱红而又干燥的。干燥的胶,裂痕深而又有光泽,裂成的纹理呈圆形而又有棱角。鹿角的胶颜色青白,马皮的胶颜色赤白,牛角的胶颜色火赤,鼠皮的胶色黑,鱼膘的胶颜色白而微黄,犀角的胶色黄。其他的黏合物都不能与它们相比。大凡选择筋,要小筋成条而长,结要大而润泽。如果小筋成条而长,结大而润泽,那么这种兽一定行动剽疾,用它的筋来造弓,射出的箭难道会跟剽疾的兽不同吗?筋要捶打得很熟,漆要很清,丝的颜色要像在水中一样。只有得到这六种优良的原材料,然后才可以制造精良的弓。

原文

凡为弓,冬析干而春液角,夏治筋,秋合(“洽”的假借字,意为浸润)三材,寒奠体,冰析灂。冬析干则易,春液角则合,夏治筋则不烦,秋合三材则合,寒奠体则张不流,冰析灂则审环,春被弦则一年之事。析干必伦,析角无邪,斫目必荼(shū,舒缓)。斫目不荼,则及其大修也,筋代之受病。夫目也者必强,强者在内而摩其筋,夫筋之所由幨,恒由此作,故角三液而干再液。厚其帤,则木坚;薄其帤,则需,是故厚其液而节其帤。约之不皆约,疏数必侔。斫挚必中,胶之必均。斫挚不中,胶之不均,则及其大修也,角代之受病。夫怀胶于内而摩其角,夫角之所由挫,恒由此作。凡居角,长者以次需,恒角而短,是谓逆桡,引之则纵,释之则不校。恒角而达,譬如终绁,非弓之利。今夫茭解中有变焉,故校;于挺臂中有柎焉,故剽。恒角而达,引如终绁,非弓之利也。挢干欲孰于火而无赢,挢角欲孰于火而无燂,引筋欲尽而无伤其力,鬻(同“煮”)胶欲孰而水火相得,然则居旱亦不动,居湿亦不动。苟有贱工,必因角干之湿以为之柔,善者在外,动者在内。虽善于外,必动于内,虽善亦弗可以为良矣。

‖ 译文 ‖

大凡造弓,冬天剖析弓干,春天浸煮角,夏天加工筋,秋天用丝、胶、漆将干、角、筋组合在一起,寒冬时固定弓体,冰冻时检验弓漆。冬天剖析弓干,木理自然平滑致密;春天浸煮角,自然浸润和柔;夏天加工筋,自然不会纠结;秋天用丝、胶、漆将干、角、筋组合在一起,自然坚密;寒冬固定弓体,张弓时就不会变形走样;冰冻时检验弓漆,就可审察漆痕是否形成环形。下一个春天再装上弓弦,这样就是整整一年的事情了。剖析弓干,一定要顺着木材的纹理;剖析牛角,不要歪斜;砍削弓干节疤,必须舒缓。如果砍削节疤时不舒缓,那么弓使用日久,筋就要替它承担受损伤的后果。节疤一定坚硬,坚硬的节疤在里面摩擦外面的筋,筋之所以像车帷一样鼓起来，常常就是由于这个原因引起的。所以角要浸煮三次，而弓干要浸煮两次。弓干正中的衬木太厚，弓干就过于坚硬；衬木太薄，弓干就过于软弱。所以要多加浸煮，并且通过衬木的厚薄来加以调节。弓干上要横缠丝胶，其他部位不必如此缠绕，但缠绕必须疏密均匀。砍削弓干要精致，而且必须均匀，用胶也必须均匀。如果弓干砍削不精致，不均匀，用胶也不均匀，那么弓使用日久，角就要替它承担受损伤的后果。胶在里面摩擦角，角之所以被折断，常常就是由于这个原因造成的。大凡安装角，长的安装在弓隈处，短的安装在弓的两端。用尽了角的长度还不够，就叫做反桡，这样拉弓就一定缓而无力，射出的箭就不会迅疾。如果角太长，就如同始终把弓缚在弓檠里一般，对弓是没有好处的。弓箫与弓隈之角相接处用力方向不同，因此射出的箭迅疾；在弓把两侧贴附有骨片，因此射出的箭迅疾。如果角太长，就如同始终把弓缚在弓檠里一般，对弓是没有好处的。用火煣制弓干要熟，但不要太熟；用火煣制角要熟，但不要烤烂；拉筋要尽量伸展，但不要损伤它的弹力；煮胶要熟，但水火要恰到好处；这样制成的弓，放在干燥的地方不会变形，放在在潮湿的地方也不会变形。假如有技术低劣的工匠，在角和干还没有干燥的时候，就用火进行煣制，即使外表看上去不错，但内部却存在着不安定的因素。外表看上去不错，内部却存在着不安定的因素，这样外表再好看也不可能成为良弓。

原文

凡为弓，方其峻（弓两端向上隆起以系弦之处，也叫做箫）而高其柎（弓把），长其畏而薄其敝，宛之无已应。下柎之弓，末应将兴。为柎而发，必动于䋛，弓而羽䋛，末应将发。弓有六材焉，维干强之，张如流水；维体防之，引之中参；维角党（后来写作撑）之，欲宛而无负弦，引之如环，释之无失体，如环。材美，工巧，为之时，谓之参均。角不胜干，干不胜筋，谓之参均。量其力，有三均。均者三，谓之九和。九和之弓，角与干权，筋三侔，胶三锊，丝三邸，漆三斞，上工以有余，下工以不足。为天子之弓，合九而成规；为诸侯之弓，合七而成规；大夫之弓，合五而成规；士之弓，合三而成规。弓长六尺有六寸，谓之上制，上士服之；弓长六尺有三寸，谓之中制，中士服之；弓长六尺，谓之下制，下士服之。

‖译文‖

大凡造弓，峻要方而柎要高，隈角要长而蔽角要薄，这样，即使不停地拉弓，也能与弓弦的缓急相应，不至于疲软无力。弓把太低的弓，箫一应弦，弓把就会弯曲。如果弓把弯曲，拉弓时隈与柎相接之处也一定会弯曲，隈与柎的接缝弯曲，弓力不能相贯，箫一应弦，角与弓干都会跟着弯曲。弓有六种材料，要使弓干有力，张弓顺如流水。要防止弓体变形，拉弓满弦的时候，弦中点至弓把合乎三尺的标准。要使角撑住弓干，拉弓时角与弦不斜背。拉弓时弓体如环形，释弦时弓体不会变形，仍如环形。材料优良，技艺精巧，制造适时，称为参均。角与干相应，干与筋相应，称为参均。衡量弓的拉力，又有三均。三个三均，称为九和。符合九和标准的弓，角与弓干大致等重，用筋三梓，用胶三锾，用丝三邸，用漆三斞，上等工匠用之有余，下等工匠用之不足。制造天子的弓，九张弓恰好围成一个正圆形；制造诸侯的弓，七张弓恰好围成一个正圆形。大夫的弓，五张弓恰好围成一个正圆形；士的弓，三张弓恰好围成一个正圆形。弓长六尺六寸，称为上制弓，供上士使用；弓长六尺三寸，称为中制弓，供中士使用；弓长六尺，称为下制弓，供下士使用。

原文

凡为弓，各因其君之躬志虑血气：丰肉而短，宽缓以荼，若是者为之危弓，危弓为之安矢；骨直以立，忿埶以奔，若是者为之安弓，安弓为之危矢。其人安，其弓安，其矢安，则莫能以速中，且不深；其人危，其弓危，其矢危，则莫能以愿中。往体多，来体寡，谓之夹臾之属，利射侯（张布的箭靶）与弋。往体寡，来体多，谓之王弓之属，利射革与质。往体来体若一，谓之唐弓之属，利射深。大和无灂，其次筋、角皆有灂而深，其次有灂而疏，其次角无灂。合灂若背手文。角环灂，牛筋蕡（fén，大麻的子实）灂，麋筋斥蠖灂。和弓毄（jī 拂拭）摩，覆之而角至，谓之句弓；覆之而干至，谓之侯弓（射侯之弓）；覆之而筋至，谓之深弓（射深之弓）。

‖译文‖

大凡造弓，各自依照使用者的身材与性情而异：胖而矮，性情平和，动作迟缓，像这样的人要替他制造强劲迅疾的弓，强劲迅疾的弓配合柔软的箭。刚毅果敢，性情暴躁，行动迅疾，像这样的人要替他制造柔软的弓，柔软的弓配合迅疾的箭。如果这个人平和迟缓，配合柔软的弓与柔软的箭，射出的箭速度肯定快不了，而且不易射中目标，即使射中了也无力深入。如果这个人刚毅果敢，性情暴躁，配合强劲迅疾的弓与强劲迅疾的箭，射出的箭自然不能稳稳地射中目标。弓体向外弯曲多，向内弯曲少，称为夹弓、臾弓之类，适宜于射豻侯和弋射飞鸟。弓体向外弯曲少，向内弯曲多，称为王弓之类，适宜于射盾、甲和木靶。弓体向外弯曲与向内弯曲相等的，称为唐弓之类，适宜于射深。符合九和标准的弓没有漆痕，其次是筋、角中央有漆痕而深藏在内侧的弓，其次是筋、角都有漆痕而稀疏的弓，其次是角里没有漆痕。弓的表里漆痕相合，如同人的两只手背纹理相合。角上的漆痕呈环形，牛筋上的漆痕像麻子，麋筋上的漆痕形如尺蠖。调试弓之前，要先拂去灰尘，抚摩弓体，看它有无裂痕。审察弓体，只有角优良的，叫做句弓；审察弓体，角和干均优良的，叫做侯弓；审察弓体，角、干和筋都优良的，叫做深弓。

弓

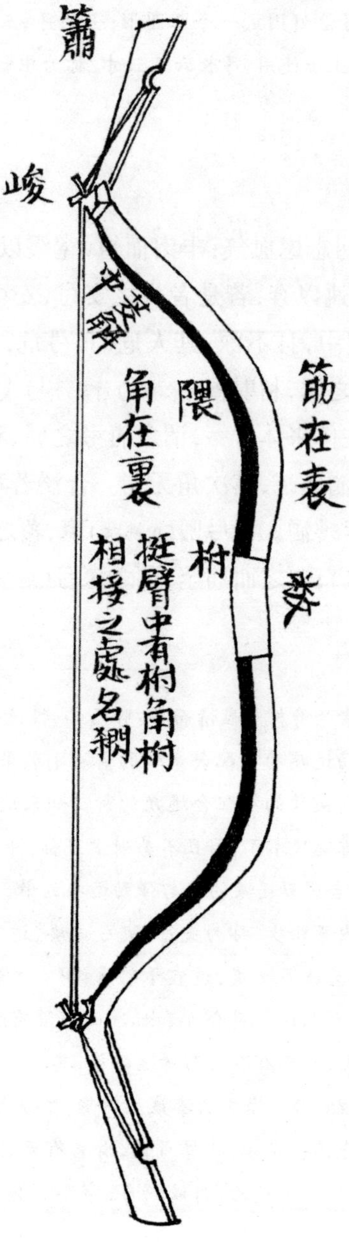